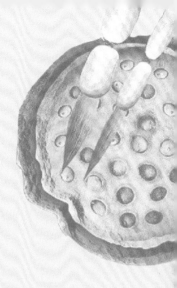

乡味浙江

——浙江农家菜百味谱

浙江省农业和农村工作办公室组织编写

U0215051

浙江科学技术出版社

图书在版编目(CIP)数据

乡味浙江:浙江农家菜百味谱 / 浙江省农业和农村
工作办公室组织编写. — 杭州:浙江科学技术出版社,
2018.10

ISBN 978-7-5341-8411-6

Ⅰ.①乡… Ⅱ.①浙… Ⅲ.①食谱－浙江 Ⅳ.
①TS972.182.55

中国版本图书馆CIP数据核字(2018)第235417号

乡味浙江——浙江农家菜百味谱
浙江省农业和农村工作办公室组织编写

出版发行 **浙江科学技术出版社**

　　　　　杭州市体育场路347号　邮政编码:310006

　　　　　办公室电话:0571-85164982

　　　　　销售部电话:0571-85176040

　　　　　网　　址:www.zkpress.com

　　　　　E-mail : zkpress@zkpress.com

排　　版 杭州兴邦电子印务有限公司
印　　刷 浙江新华印刷技术有限公司

开　　本 787mm×1092mm　1/16　　**印　张** 16.5
字　　数 350 000
版　　次 2018年10月第1版　　　　　**印　次** 2018年10月第1次印刷
书　　号 ISBN 978-7-5341-8411-6　　　**定　价** 58.00元

责任编辑 莫沈茗　　　　　**责任校对** 马　融
封面设计 孙　菁　　　　　**装帧设计** 艺诚文化
责任印务 田　文

《乡味浙江——浙江农家菜百味谱》编辑委员会

序一

浙江美食菜肴发展历史悠久，与浙江原始文明出现同步。浙江是吴越文化、江南文化的发源地，中国古代文明的发祥地之一。境内已发现5万年前新石器时代遗址100多处，有距今7000年的河姆渡文化、距今6000年的马家浜文化和距今5000年的良渚文化，新近发现的新石器时代萧山"跨湖桥遗址"也获得了丰富的遗迹、遗物。

浙江农家菜有着悠久的历史。黄帝《内经·素问·导法方宜论》曰："东方之城，天地所始生也，渔盐之地，海滨傍水，其民食盐嗜咸，皆安其处，美其食"。《史记·货殖列传》中就有"楚越之地……饭稻羹鱼"的记载。

自南宋迁都临安（今杭州）后，商市繁荣，各地食店相继进入浙江，菜馆、食店众多，而且效仿京师。据南宋《梦粱录》记载，当时"杭城食店，多是效学京师人，开张亦御厨体式，贵官家品件"。经营名菜有"百味羹""五味焙鸡""米脯风鳗""酒蒸鳅鱼"等近百种。

明清年间，游览浙江的帝王将相和文人骚客日益增多，饮食业更为发展，农家名菜名点大批涌现，继而纷纷登上大雅之堂。

浙江农家菜在其发展历程中，深深打上了地域特色和民俗的烙印。浙江濒临东海，气候温和，水陆交通方便，其境内北半部地处我国"东南富庶"的长江三角洲平原，土地肥沃，河汉密布，盛产稻、麦、粟、豆、果蔬，水产资源十分丰富，四季时鲜源源上市；西南部丘陵起伏，盛产山珍野味，农舍鸡鸭成群，牛羊肥壮，无不为烹饪提供了殷实富足的原料。特产有：富春江鲥鱼，舟山黄鱼，金华火腿，杭州泗乡腐皮，西湖莼菜，绍兴麻鸭、越鸡和酒，西湖龙井茶，舟山的梭子蟹，安吉竹鸡，黄岩蜜橘等。丰富的烹饪资源、众多的名优特产，与卓越的烹饪技艺相结合，使浙江农家菜出类拔萃、独成体系。

浙江农家菜以农家乐为载体，在食材运用、菜品开发、市场营销等方面获得传承和进步。

浙江农家菜肴主要形成了杭州、宁波、绍兴、温州四个风味流派，各自带有浓厚的地方特色。杭州风味的农家菜制作精细，变化多样，并喜欢以风景名胜来命名菜肴，烹调方

法以爆、炒、烩、炸为主，清鲜爽脆。宁波风味的农家菜由于地处沿海，特点是"咸鲜合一"，口味"咸、鲜、臭"，以蒸、红烧、炖制海鲜见长，讲求鲜嫩软滑，注重大汤大水，保持原汁原味。绍兴风味的农家菜擅长烹饪河鲜、家禽，入口香酥绵糯，富有乡村风味。温州风味的农家菜则以海鲜入馔为主，口味清鲜，淡而不薄，烹调讲究"二轻一重"，即轻油、轻芡、重刀工。

　　顺应时势，浙江农家菜的发展已进入讲科学、讲营养、讲卫生，以味为核心、以养为目的，以广大消费者满意为目的的高速度、跨越式发展阶段。浙江农家菜走进高科技的发展时代，实践中逐步与科学相结合，与饮食文化相结合，与烹饪技艺相结合，随着浙江物质文明和科学文化的进步，以更大更快的步伐开拓进步。

　　农家菜烹饪技术的提高，改革是发展的必经之路。随着人们生活水平的提高，生活习惯的变化，对口味、对菜肴出品质量的要求也越来越高，如何满足广大消费者对餐饮业高标准、严要求是对浙江农家菜烹饪工作者的一场考验。

　　乡味浙江，正以自身特有的形象形成一个品牌，带着浙江的灵秀和雅致走上了人们的餐桌，让食客们从一道道乡味中体会到浙江的文化和特有的精神。在吃的同时，更让人想到饮食背后所蕴含的文化内涵和浓郁的当地风情。

　　衷心祝愿浙江农家特色菜在快步迈向产业化、市场化的同时，始终保持农家的淳朴和乡村的本真，继而承载众多乡愁！

中共浙江省委副秘书长、浙江省委、
省政府农业和农村工作办公室主任
2018 年 9 月 8 日

序二

章凤仙简介：

中共十一大党代表，全国劳动模范，全国"三八"红旗手，七、八、九届全国人大代表，浙江省十一、十二届人大代表，浙江省人大常委会代表工委会员，浙江最具影响力十大劳模之一。曾任杭州市商业局副局长、中华全国总工会常委、浙江省总工会常委、浙江省财贸工会主席、浙江省劳模协会会长。现任中国饭店协会高级顾问、中国烹饪协会特邀副会长、国家酒店酒家注册评审员、浙江省餐饮行业协会会长。

　　浙江位于东海之滨，历史悠久，文化古老，地理优越，物产丰富。北部河道纵横，平原广阔，素称"鱼米之乡"；西南丘陵起伏，树木葱郁，盛产山珍；沿海渔场密布，岛屿众多，水产资源丰富。

　　浙江地区的饮食文化源远流长，是吴越文化、江南文化的重要组成部分。无论是日常饮食，还是社会活动的各种菜品，都十分丰富，而且风味各异，富有地方特色。

　　浙江菜肴发展历史悠久，黄帝《内经·素问·导法方宜论》和《史记·货殖列传》中都有相关的记载。浙江人民在长期的生产实践和生活实践中，积极利用本地富饶的自然资源，创制出许多富有地方特色的菜肴，积累了宝贵的经验，终于独树一帜，创立了浙江味道，成为人们饮食活动中的重要组成部分。

　　浙江农家人因时因地制宜，使得浙江乡味不断发展，别具一格。农家菜菜品鲜美滑嫩、脆软清爽，呈现出清、香、脆、嫩、爽、鲜的特色；选料注重时鲜，主要原料有猪肉、鱼虾、禽蛋、蔬菜、豆类和部分野味；制作精细，色彩鲜艳，味道鲜美，品种繁多；烹调方

法以爆、炒、炸、熘、烩、炖、烤、蒸、烧、煎为主。在我国众多的地方风味中占有重要的地位。

浙江菜肴主要由杭州、宁波、绍兴和温州等11个部分组成，各自带有浓厚的地方特色。例如：杭州风味的农家菜制作精细，变化多样，并喜欢以风景名胜来命名菜肴，烹调方法以爆、炒、烩、炸为主，清鲜爽脆。宁波风味的农家菜由于地处沿海，特点是"咸鲜合一"，口味"咸、鲜、臭"，以蒸、红烧、炖制海鲜见长，讲求鲜嫩软滑，注重大汤大水，保持原汁原味。

《乡味浙江——浙江农家菜百味谱》一书，汇集了浙江省农业和农村工作办公室举办的历届农家菜大赛金牌获奖菜肴中具有代表性的菜品，以乡味为主线，框架清晰，将浙江11个地市的乡味进行了梳理，各自成一篇又相互呼应，系统地介绍了当地的乡味情况。

每一篇分为两个部分。第一部分从乡味的起源与发展、分布及特色进行介绍，特别描述了乡味重点分布的省级农家乐特色村及特色项目，图文并茂，让读者能够轻松获取到有用的信息。难能可贵的是，编委会利用现代信息技术，将乡味中的经典菜品拍摄成视频，并生成二维码，让读者通过手机扫码即可观看菜品的制作工艺。第二部分，精选浙江省农家菜技能大赛的获奖菜品，制定了标准食谱，对每道菜品的品尝地点、典故由来、原料配比、制作工艺、操作要领、营养价值都作了详细的解析，图文并茂，让人爱不释手。

相信此书能为广大读者、乡味浙江的从业者们搭建一个有效的交流平台；对促进浙江省餐饮行业的发展，起到积极的作用。

浙江省餐饮行业协会会长

2018年8月

序三　土一点，又何妨？

范大姐简介：

2007年第二批浙江省宣传文化系统"五个一批"人才，2007年中国广播电视协会金话筒爱心传播活动"爱心大使"，浙江省知名主持人。1986年进入浙江电视台，成为浙江省最早的电视播音员之一；1992年进入全国电视台改革试点之一的钱江电视台，任新闻节目主持人，先后主持过《经济信息》《新闻速写》《体育新闻》《动感布告》等栏目；2004年3月，变身为热心帮忙的"范大姐"，主持民生热线节目。短短几个月，声名鹊起，成了浙江人家喻户晓的热心大姐。从家里的小狗丢了，到果农的青梅、枇杷卖不出去；从小两口闹别扭到为民工讨工资；从劝下意欲跳江男子，到帮助"静芝"找寻亲生父母等等，哪里需要帮忙，哪里就有范大姐活跃的身影。

做了这么多年帮忙节目，同事开玩笑说："范大姐，你是越帮越忙，越忙越帮"！忙虽然是媒体人的常态，但能偷得半日闲的时候，我会带着全家出去走走，住一下"在林中、四季有花香"的农家民宿，品尝带"乡味"的农家菜。

有次记者采访我，范大姐您从上主持台的那一刻就在帮忙吗？不瞒您说，我以前也主持过其他类型的新闻节目，也做过大型节目，但每次做大型节目的前一晚，都是彻夜难眠，我知道，那种高大上的形象不属于我。直到走上《范大姐帮忙》的主持台，才知道这里才属于我，"帮忙"才是我的菜。这就像，五星级酒店琳琅满目的美食固然让人垂涎三尺，但乡野田园间的农家特色菜，才能让你吃到家的感觉。我永远要做那个接地气的"范大姐"，

也愿为"乡味浙江"代言！土一点，又何妨?

　　很荣幸能参加钱江都市频道和省农办等单位一起举办的"农家乐特色菜大赛"，和外婆家掌门人吴国平一起做了大赛的美食顾问。在大赛现场，印象最深的是，各地代表队除了德高望重的大厨外，还有很多青年人，也加入到了农家特色菜厨师的队伍中，很多经营人才，也在为推广"家乡味道"献力。这也从侧面印证了，浙江乡村的吸引力越来越大！"问渠哪得清如许，为有源头活水来"，正是一大批回乡就业、回乡创业的新生代餐饮从业者选择了乡村，选择了农家特色菜这一领域，才让浙江农家菜在传承中不断推陈出新，俘获了越来越多都市人的胃口。

　　畅想一下，随着"乡村振兴战略"的推进，浙江农家乐遍地开花，村游景点点缀浙江大地的时候，节假日城市人不再一窝蜂往景区挤"People mountain people sea"，而是可以带着全家老小在绿水青山间怡然自得，享受"吃农家饭、住农家屋、赏农家景、享农家乐"的慢生活。这才是我想要的生活！假若有机会，我愿意带你一起，走遍"诗画浙江"，品味"乡味浙江"！

　　在这之前，先把这本"宝典"献给您！注意，别在饿了的时候看，别在深夜看！

范大姐

2018 年 8 月

目　录

第一篇

乡味杭州

XIANGWEI
ZHEJIANG

第一章
寻觅"乡味杭州"

【第一节】 起源与发展

　　杭州，简称"杭"，浙江省省会，地处长江三角洲南沿和钱塘江流域，地形复杂多样，是浙江省的政治、经济和文化中心。杭州自秦朝设县治以来已有2200多年的历史，曾是吴越国和南宋的都城，因风景秀丽，素有"上有天堂，下有苏杭"的美誉。

　　社会经济及文化的发展对饮食文化的进步产生了很大的促进作用。杭州钟灵毓秀，数千年的历史，孕育了丰富灿烂的"良渚文化""吴越文化"和"南宋文化"。受此影响，杭州农家菜得以萌芽和发展。

　　宋代词人柳永在《望海潮·东南形胜》中描述了都城的繁荣景象："东南形胜，三吴都会，钱塘自古繁华，烟柳画桥，风帘翠幕，参差十万人家。"因此，南宋时期的杭州农家菜，得到了迅速发展。

都城的繁荣景象

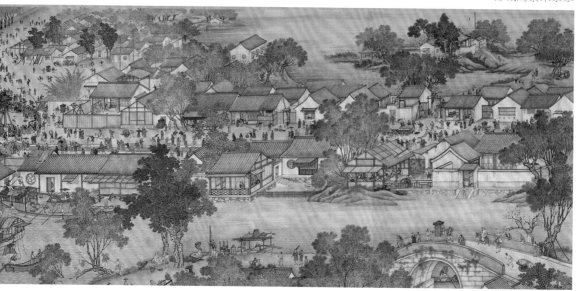

与此同时，杭州农家菜名厨辈出，对杭州乡味的传承与发展作出了重要的贡献。如宋孝宗时，钱塘门外的宋五嫂就是一位烹制鱼羹的高手，她制作的"宋嫂鱼羹"选料新鲜，制做精细，色彩鲜艳。这道菜传承至今，仍让人们津津乐道。

　　改革开放以来，杭州作为世界著名的旅游城市，对外交流活动频繁，杭州农家菜的厨师们博采众长，精工细作。菜肴品质无论是在做功还是色香味方面，都超越了以往的农家菜，并且涌现出了许多知名的菜肴。

杭州农家菜5道

当前的杭州农家菜，是杭州饮食文化的重要组成部分，也是杭州味道的重要体现形式。杭州农家菜注重原料的搭配和调料的使用，在烹调过程中，轻油腻，注重原汁原味，成品口感鲜嫩，口味纯美，呈现出色、香、味俱佳的特征。

第二节　分布及特色

杭州农家乐主要分布在"三江两湖"：钱塘江、富春江、新安江，西湖和千岛湖。粒粒透亮、珍珠般散落在"三江两湖"周边的农家乐，成为了杭州乡味的重要根据地。

钱塘江、富春江和新安江沿岸的农家乐，食材多源于江，江鲜成为一大特色。

杭州农家乐

西湖周边，满觉陇、龙井、茅家埠、三台山、双峰、梅家坞、龙坞……村村户户都茶香四溢、别有风情，美味尝不尽，香茗沁心脾。幽雅的城中村，美景和美味相融，空中弥漫着龙井茶的清香，更多的是生活的本味和惬意。

千岛湖旁，一汪秀水数千岛屿，成就了"十里不同风，百里不同俗"的农家乐风情。临岐村的竹马和睦剧、上西村的徽派古建筑和"人民公社"别有风格。淳安的农家乐既有古朴的山村民俗，也有吸引力不亚于千岛湖秀丽风光的淳安乡间"土"味。

杭州的"乡味"主要分布如下。

❶ 余杭区鸬鸟镇山沟沟村——年糕、土酒、豆腐

余杭山沟沟村

山沟沟村位于杭州市西北45公里处，可同时接纳5000多人就餐，1000多人住宿。目前山沟沟村已形成了两个类型农家乐：一是农家餐馆型，主要集中在山沟沟景区内；二是农业观光体验型，主要以阿汤生态农业园区和蓝莓园区为代表。农家乐休闲娱乐以体现农家生活为主要内容，突出田园乡土气息，游客可参与农事活动，诸如挖笋、采茶、插秧、种菜等；也可以感受农家传统的娱乐体验项目，诸如棋牌、垂钓、编草鞋、编竹篮、打年糕、磨豆腐、酿土酒、采蜜梨（水果）、踩水车等。特色乡味是年糕、土酒、蜜梨和豆腐。

② 临安区太湖源镇白沙村——野山笋、草猪肉、土鸡

白沙村坐落在太湖源头的溪水边，素有"太湖源头第一村"的美誉，距杭州70公里，全村面积9.5平方公里，森林覆盖率97%以上。该村坐落于峡谷，两侧峰峦起伏，满目青翠。峡谷间溪流湍急，瀑布飞悬。农户住宅散落于一个个山坞里、一座座山峦上，远远望去，颇有"白云生处有人家"的意境。该地气候凉爽，暑昼最高气温也在30℃以下。该村现有一半以上的村民从事"农家乐"，是目前临安最具规模的旅游特色村。特色乡味

白沙村

是野山笋、野生茶、山核桃、高山蔬菜、草猪肉和土鸡。

③ 桐庐县富春江镇芦茨村——石鸡、土鸡、野生鱼

浙江省农家乐特色示范村，首批"杭州市乡村旅游示范点"。

芦茨村距桐庐县城15公里，距离杭州70公里，村内山清水秀，层林叠峦，野趣横生。目前农家乐游客日接待能力可达4600多人次。芦茨湾农家乐分两个区块，一是梅树坞自然村，临近白云源景区，游客以住宿、观光旅游为主；二是芦茨自然村区块，接近龙门湾和钓台景点，主要以餐饮和观光为主。特色乡味有石鸡、土鸡、富春江野生鱼、竹笋、野菜等。芦茨村建造了休闲住宿一体化的农家乐接待中心，有垂钓、棋牌及游泳等休闲

桐庐芦茨村

项目。推荐白云居农家乐、芦茨土屋、芦茨湾农家乐饭店。

④ 建德市三都镇三都渔村——垂钓、橘子采摘、制作麻糍

浙江省农家乐特色村、浙江省最美丽乡村。

三都渔村距离杭州140公里，距离建德市区30公里，地处"三江"交汇处，与梅城古镇隔江相望。该村以渔民生活为依托，推出了自然风光与民俗文化有机结合的旅游产品。村里秉承传统，以养殖、捕捞为业，保留了许多古老的捕鱼方式和捕捞工具，保持着许多

淳朴的渔家风俗，尤其是具有鲜明特色的九姓渔民婚礼，更是这里的"文化大餐"。为了能使游客玩得更具渔家味儿，渔家乐除保留一些受游客喜爱的游乐项目外，还开设了新游乐项目。例如，根据生产情况让游客干适当的渔家活儿，让游客多了解一些渔业知识，如向他们介绍哪种鱼用哪种网捕、一些常见鱼的生活习性等等。到三都渔村做一天渔民，可划船、捕鱼，吃一顿鱼宴，在渔家品尝鳜鱼、白花鱼、棍子鱼等多种淡水鱼的渔家风味菜，住一回渔家，江边垂钓，看黄昏美景，眺双塔凌云，赏江上升明月。

该村还是著名橘乡，连绵十多里的柑橘长廊，4—5月橘花飘香沁人心脾，10月开始漫山遍野橘红橙黄。特色乡味是淡水鱼、麻糍、三都蜜橘。推荐友花渔庄。

⑤ 西湖区龙坞镇上城埭村（龙坞茶村）——采茶、炒茶、品茶肴

龙坞茶村位于杭州市西湖区转塘镇上城埭村，是杭州市政府认定的西湖龙井茶保护基地，2005年11月被杭州市旅委授予杭州市乡村旅游示范点。龙坞茶村的特色有：使用土灶，吃锅巴；推出特色农家菜肴，如外婆红烧肉、茶香饭、茶村本鸡煲等；体验亲手采摘茶叶并炒制茶叶等特色服务项目。白天可以步行登山，游览茶园，棋牌娱乐，晚上则能留宿于农家，举杯话桑麻、拉拉家常。推荐：大斗谷、山里山、茶村3号。

⑥ 临安区龙岗镇桃花溪村——采摘水果、高山蔬菜、山核桃

浙江省农家乐特色村、浙江省特色旅游示范村、杭州市休闲观光度假旅游特色村、杭州市生态示范村。

桃花溪村位于杭州市临安区的西北部，是一个典型的山区农村，毗邻著名的国家4A级景区浙西大峡谷，风景秀丽的浙西天池景区贯穿境内。山村景色迷人，也是典型的"白云人家"旅游特色村。每年吸引广大江浙沪等地旅客慕名前来观光旅游和休闲度假。

桃花溪村

该村以盛产山核桃、毛竹、石笋干、高山蔬菜和天目青顶茶叶而出名。农家乐项目有采摘水果、种植（采摘）蔬菜。推荐九岭仙居、西苑山庄。

⑦ 桐庐县莪山畲族乡新丰民族村——挖笋、采摘、土鸡

桐庐县莪山畲族乡新丰村民族风情农家乐是杭州唯一由少数民族莪山畲族建立的农家乐，距杭州市区90公里，距桐庐县城15公里。新丰村境内山峦起伏，梯田重叠，曲溪茂林，极具自然野趣，"莪溪十景""三奇石"及"一指动石"景观奇特，拥有国家一级保护古木红豆杉、二级保护古木香樟以及大片红枫林，且畲乡民族文化内涵丰富。具有地方特色的红曲酒、畲乡龙须、高节竹笋及畲乡围巾、莪山茶炮享誉国内外。莪山畲族乡还是桐庐县知名的竹乡，全乡竹园面积达万亩，被浙江森林食品认定委员会认定成为"浙江省森林食品基地"。

特色乡味有农家土鸡、有机笋干等，农家乐项目有挖笋、果蔬采摘等。推荐康源农庄、竹云山庄。

畲族乡新丰民族村

精选杭州菜品制作视频（微信扫码播放）：

春笋炒鲥鱼

葱包烩儿

东坡肉

杭州卤鸭

荷叶粉蒸肉

南方大包

片儿川

砂锅鱼头豆腐

宋嫂鱼羹

笋干老鸭煲

油焖春笋

第二章
获奖味谱

第一节
山之珍

﹛杭州卤鸭﹜

菜　　别：热菜

品尝地点：杭州市余杭区

获奖单位：余杭区柳映荷畔

典故由来

　　江浙一带有个地方叫鸭盛里，这里以养鸭子出名。那日正是六月天，天气炎热，赵阿大烧好了鸭，却卖不出去，只好做了不少架子，把一只只鸭子挂在架子上。由于之前在收鸭子时试图赖账被戳穿，赵阿大的名气十分不好，因此鸭子更是卖不出去。他只好天天把鸭子在老卤汁里回镀再烧。横烧竖烧，鸭子被烧得油光锃亮，但还是卖不掉。赵阿大急得走投无路，只好带了两只熟鸭来恳求祝枝山帮忙。祝枝山听完情况，看看熟鸭，顺手撕了一块尝尝，感觉味道好极了！就对赵阿大说："做生意要讲信用，要讲质量，叫信义通商。这鸭味道很好，一定能卖出去。"祝枝山提笔写了几个字："特别卤鸭，味美价廉"。老百姓听说祝枝山题词了，都来买，发现确实好吃，加上赵阿大秤头公平，卤鸭生意一下子兴隆起来。赵阿大做卤鸭的手艺也就传了下来。

菜谱解析

🍽 烹调方法：卤
🥢 风　　味：杭州

原　料	主料	嫩麻鸭1只（约1250克）
	辅料	无
	调料	葱结25克、生姜10克、桂皮10克、绍酒50克、酱油350克、白糖120克
制作过程		1. 将鸭子放在沸水中焯水，除去血沫，洗净，沥干水 2. 将炒锅洗净置于火上，放入焯水洗净的鸭子、葱结、生姜和桂皮，加入绍酒、酱油、白糖（60克）与清水。旺火煮沸后改用小火卤约40分钟至七成熟，再加入白糖（60克），用手勺不断地把卤汁淋浇在鸭身上，至色泽红亮、原汁稠浓时出锅 3. 将卤鸭斩成1.5cm宽的条块装盘，浇上卤汁即成
成品特点		色泽红亮，卤汁稠浓，肉嫩香甜
制作关键		1. 掌握好火候，火不能旺 2. 根据鸭子大小自行调整水量和加热时间
营养分析		中医认为：鸭子吃的食物多为水生物，故其肉性味甘、寒，入肺胃肾经，有滋补、养胃、补肾、消水肿、止热痢、止咳化痰等作用

⎨ 健脚笋 ⎬

🍽 菜　　别：热菜

📍 品尝地点：杭州市余杭区

🏛 获奖单位：余杭径山镇百果园农庄

典故由来

　　在径山一直流传下来的一个传统：在立夏的当天每家每户老老小小都要吃健脚笋，人们总是说："脚骨健，米粮全"。过了立夏就到了割小麦种早稻时节，大人吃了健脚笋，能保证强壮健康的体魄，不会耽误农事，也就不愁没饭吃了。而小孩吃了健脚笋，能更加健康有精神，学业更能出成绩。

菜谱解析

🍚 烹调方法：烧　　🍲 风　　味：杭州

原　　料	主料	去壳笋肉（约250克）
	辅料	农家咸肉100克
	调料	绍酒10克、酱油5克、白糖2克
制作过程		1. 锅中加水旺火煮沸，将鲜嫩的笋放入水中焯水后冷水洗净 2. 将农家咸肉切块，下锅炒香，加入已经焯过水的笋 3. 加入绍酒、酱油、白糖、水，铁锅烧2小时以上即可装盘出锅
成品特点		笋鲜肉香，风味独特，清鲜汁浓
制作关键		1. 笋不要切，尽量整株烹调，保持农家风味 2. 新鲜的笋会有涩味，焯过水能去除涩味，使笋的味道更加鲜美
营养分析		中医认为，吃笋有滋阴、益血、化痰、消食、利便、明目等功效 唐代医药学家孙思邈在《千金方》中指出：竹笋"味甘，性微寒，无毒，主消渴，利水道，益气力，可久食。"明代医药学家李时珍所著《本草纲目》认为，竹笋有"化热、消痰、爽胃"之功。 清代养生学家王孟英在《随息居饮食谱》中有："笋，甘凉，舒郁，降浊升清，开膈消痰。"

畲家乱炖

菜　　别：热菜

品尝地点：杭州市桐庐县

获奖单位：桐庐县莪山畲族乡中门畲族民族村
山味农庄

菜点说明

"畲家乱炖"是在畲族农家菜基础上挖掘的一款菜肴。由番薯淀粉制成的番薯龙须是畲家招待客人制作点心和菜肴的重要食材，番薯龙须自身无味，待吸足了由腌猪头、笋干等咸鲜味后，变得美味、出彩，成了具有桐庐畲家风味的特色菜肴。按以前畲家传统，每家每户都要养猪，过年猪斩杀后，猪头用来祈福，之后猪头腌制起来风干，正月十五后，才把腌猪头拿出来吃，由于畲家乱炖这道菜制作简单，畲家的居民人人都会做，因此这道菜也广为流传。

菜谱解析

烹调方法：炖　　风　　味：杭州

原　料	主料	腌猪头（约1500克）
	辅料	笋干20克、莴笋干10克、豆腐干10克、萝卜干10克、豆角干8克、黄花菜干15克、番薯龙须20克
	调料	绍酒50克、盐10克、胡椒粉5克
制作过程		1. 将腌制晾晒完成的猪头斩块后放一旁待用 2. 将笋干、莴笋干、豆腐干、萝卜干、豆角干、黄花菜干、番薯龙须分别浸泡回软后进行刀工处理，放一旁待用 3. 将猪头肉块和已经处理过的辅料加入锅中，加绍酒、盐、胡椒粉、清水，用文火炖煮至熟即可
成品特点		香味浓郁，油而不腻
制作关键		1. 炖的时间要控制好，不宜过久 2. 番薯龙须不须用水过分浸泡
营养分析		中医认为：猪头肉不宜与乌梅、甘草、鲫鱼、虾、鸽肉、田螺、杏仁、驴肉、羊肝、香菜、甲鱼、菱角、荞麦、鹌鹑肉、牛肉同食。食用猪头肉后不宜大量饮茶

｛寿昌农家肉圆｝

菜　　别：热菜
品尝地点：建德市
获奖单位：建德寿昌周边农家乐

典故由来

　　相传在很久以前有两兄弟，他们对家里养鱼还是养猪产生了分歧，各执己见，并因此而分了家。到了春节，兄弟俩收成不分上下，互不服输，互送年礼时。弟弟将最大的鲜鱼送给了哥哥，哥哥以为这是向自己炫耀，便将最肥鬃头膘肉送给了弟弟。这可难坏了一对妯娌。在置办年货时，嫂子邀弟媳一起去赴集，商量怎样让兄弟和好，好好过个喜庆年。当她们来到一个打鱼丸和肉丸的摊点前，顿时得到了启发。俩妯娌匆匆回到家里，取出互送的鲜鱼和肥肉，经过复杂加工，制成了一个个丸子。当兄弟得知这道兼有鱼鲜和肉香的菜的来历时，都惭愧地红脸了。哥哥马上将饭菜端到弟弟家的饭桌上，一大家人高高兴兴地吃了个团圆饭。公婆得知此事后，将这道菜定为逢年过节吉庆喜事必上菜品，并将其命名为"肉圆"，寓意"骨肉团圆"。

菜谱解析

烹调方法：烧

风　　味：杭州

原　料	主料	萝卜500克、鲜猪肉200克
	辅料	地瓜粉100克、小葱5克
	调料	绍酒20克、酱油30克
制作过程		1. 将萝卜刀工处理成小丁，煮熟，用纱布包好，沥干水分待用 2. 将鲜猪肉切丁，加酱油、绍酒腌渍 3. 将腌渍猪肉丁和萝卜丁混合，加入地瓜粉搅拌均匀 4. 捏出一个个肉球，上锅蒸制至成熟，出锅撒上葱花
成品特点		香味浓郁，菜品饱满有自然光泽
制作关键		1. 要控制好地瓜粉的量，不宜过多，过多口感不佳 2. 尽量将肉球捏圆，保持形的完整
营养分析		中医认为：萝卜性凉，味辛甘，无毒，入肺、胃经，能消积滞、化痰热、解毒

小古城灰汤粽

菜　　别：点心
品尝地点：杭州市余杭区
获奖单位：余杭径山镇百果园农庄

菜点说明

"丹珠埋雪，一囊清气谁知晓。玉指剥竹，百裹粽香待子尝。"在径山小古城村里，流传着一种风味独特的美食——灰汤粽。

"灰汤"是指烧过的草木灰经溶解、沉淀、澄清后得到的液体，是一种天然碱水。将糯米经灰汤浸泡后再用来做粽子，粽子味道碱香适中，口感异常软糯，还会呈现出诱人食欲的色泽。

灰汤制粽的历史十分悠久。西晋周处编撰的《风土记》中便有"用菰叶裹黍米，以淳浓灰汁煮之，令其烂熟"的记载。书中说的灰汁即为灰汤。由此可以证明，早在1700多年前，灰汤粽便已流行于长江以南地区。

菜谱解析

烹调方法：煮

风　　味：杭州

原　料	主料	糯米 500 克
	辅料	灰汤汁 1500 克
	调料	糖油 100 克
制作过程		1. 选上好稻草（不腐烂，没经过发酵，颜色青黄，梗硬实，有亮泽）烧制成灰。将灰放入容器灌水溶解，然后滤除杂质，取其水，制成"灰汤汁" 2. 将糯米用灰汤汁泡上一夜，取出，沥干水分；粽叶也用灰汤汁浸泡 1 小时 3. 取泡好的粽叶三四片摆齐，卷成圆锥形的筒，放入浸泡过灰汤汁的糯米，包成粽子形状，用绳扎紧 4. 将包好的粽子码放在锅内，加清水用旺火煮 2 小时然后改用小火焖约 1 小时，煮至成熟。剥去粽叶，浇上糖油，即可食用
成品特点		形态美观，韧劲十足，甜而不腻，色香味俱佳
制作关键		1. 粽子包扎需紧，不能漏糯米 2. 吃灰汤粽不蘸白糖，而是浇糖油，也可以裹馅心，口味可以根据个人喜好调整
营养分析		中医认为：糯米具有补中益气、健脾养胃、止虚汗之功效，对脾胃虚寒、食欲不佳、腹胀腹泻有一定的缓解作用

第二节
水之灵

汪刺鱼汤

菜　　别：热菜

品尝地点：杭州市西湖区

获奖单位：西湖区丰溢茶楼

菜点说明

　　汪刺鱼又名黄颡鱼，主要分布于我国长江流域和珠江流域。这种鱼腹面平直，身体裸露无鳞、无肌间刺，肉质细嫩，味道鲜美，营养丰富，在浙江一带从古至今都是极受欢迎的一种食材。

　　明代《本草纲目》中就已有"煮食"汪刺鱼的记载。而这道菜更是一道制作方便的杭州家常暖胃滋养汤品，深受杭州人民的喜爱，因而广为流传。

菜谱解析

　烹调方法：炖

　风　　味：杭州

原　　料	主料	汪刺鱼（约500克）
	辅料	嫩豆腐250克
	调料	姜片5克、盐2克、料酒5克、葱花5克、胡椒粉2克、菜籽油20克
制作过程		1. 将汪刺鱼去除内脏，洗净沥干水待用；嫩豆腐切成小块待用 2. 起油锅，倒入菜籽油，放入姜片煸香，再把汪刺鱼放入锅里，煎至金黄色 3. 待汪刺鱼两面皆变成金黄色后，倒入料酒、开水，旺火煮开后，改小火慢慢炖煮 4. 待鱼汤白浓时，放入切好的豆腐小块，加盐、胡椒粉入味后，撒上葱花即可装盘出锅
成品特点		汤色浓醇、鲜香入味、鱼肉口感滑爽细嫩
制作关键		1. 鱼放入锅中煎后不要翻动，以防破坏整个造型 2. 忌油量过多，油量要适量
营养分析		中医认为：汪刺鱼性味甘平，能益脾胃，利尿消肿。《本草纲目》中说它具有"利小便，消水肿，祛风，醒酒"的功效。姚可成《食物本草》讲汪刺鱼"主益脾胃和五脏"

西院特色铁锅鱼头

菜点说明

　　杭州千岛湖水质清透，盛产各类优质水产，其中又以胖头鱼（鳙鱼）为代表。本菜就是以优质千岛湖淳牌有机鱼为主料，原汁原味保留了鱼头鲜、香、纯的特色。杭州千岛湖的淳牌有机鱼是第一个经过国家淡水鱼有机认证的，为纯天然野生放养，五年以上才能捕捞，鱼头个大肥美，新鲜黑亮，绝无土腥味，富含17种氨基酸和微量元素，营养价值极高。

菜　　别：热菜

品尝地点：杭州市

获奖单位：杭州都市村庄休闲文化
　　　　　有限公司（西院1号）

菜谱解析

⬭ 烹调方法：煨

🍲 风　　味：杭州

原　料	主料	千岛湖鳙鱼鱼头一只（约1500克）
	辅料	无
	调料	盐6克、味精3克、糖5克、酱油20克、白胡椒粉3克、米醋15克、绍酒50克、大葱5克、生姜5克、蒜苗5克、干姜5克、红椒5克
制作过程		1. 将鱼头洗净，挖去鱼腥腺，开花刀，沥干水分待用 2. 将锅置于旺火上，注入色拉油，油温加热至180℃，加入生姜、大葱、蒜、红椒煸香，将沥干的鱼头放入，煎至金黄 3. 加入干姜、盐、味精、糖、酱油倒入清水直至覆盖鱼头，旺火煮开后加盖小火煨约20分钟 4. 开盖后撇去浮沫，撒上蒜苗，加入白胡椒粉、米醋进行调味，即可装盘出锅
成品特点		色泽诱人，汤味醇厚
制作关键		1. 鱼头要煎透，这样腥味不会太重 2. 大火烧开后改用小火。此菜汤量要足，成菜需要连汤带水
营养分析		中医认为：鳙鱼味甘、性温。体质虚弱、脾胃虚寒、营养不良者食用更佳

﴾杨村桥棍子鱼﴿

菜　　别：热菜
品尝地点：建德市
获奖单位：建德杨村桥周边农家乐

菜点说明

　　棍子鱼为新安江水域珍贵鱼种，以建德杨村桥溪水中最为著名。该鱼身体细长，没有骨头，像棍子一样，故称为棍子鱼。野生棍子鱼肉质细嫩，无细鱼刺，生长在无污染无激素的自然环境中。棍子鱼是一道浙江省的传统名菜。

菜谱解析

烹调方法：烧　　　风　　味：杭州

原　　料	主料	棍子鱼400克
	辅料	生姜5克、大蒜末5克、面粉100克
	调料	绍酒5克、郫县豆瓣酱80克、白糖2克、白胡椒粉2克、生抽3克、葱白5克、盐5克、蚝油3克
制作过程		1. 先把棍子鱼处理干净，用盐、生姜、葱白、绍酒抓匀腌制1小时，然后用厨房纸把腌制好的鱼的表面水分吸干，置一旁待用 2. 在碗里倒入适量的面粉，将鱼逐个裹上一层薄薄的面粉 3. 在煎锅内倒入适量的油烧至7成热，下鱼，煎至两面金黄色。另起一锅放油烧至5成热，把郫县豆瓣酱下锅，用小火炒出红油，再放入大蒜末、葱白翻炒一下 4. 添加适量的清水，烧沸后放入少许的盐、白糖、蚝油、生抽、胡椒粉调味。倒入煎好的鱼，煮上片刻，使每一条鱼都能吸收足够的汤汁，随即装盘出锅
成品特点		肉质细嫩，色泽诱人，味道鲜美
制作关键		1. 鱼的腌制时间要充分 2. 烧制时要注意保持鱼的完整
营养分析		中医认为：棍子鱼具有健脾开胃、止咳平喘、清热解毒等功效

渔塘三宝

菜　　别：热菜

品尝地点：杭州市桐庐县

获奖单位：桐庐县渔塘湾农庄

菜点说明

"渔塘里藏三宝，老蚌怀珠甲天下"是桐庐县渔塘湾农庄生态养殖的描述。此菜主要食材采用甲鱼、河蚌、莲子，这三样食材均是渔塘湾农庄特产，故取名"渔塘三宝"。

菜谱解析

烹调方法：炖　　　　风　　味：杭州

原　料	主料	甲鱼一只（约500克）、河蚌500克、莲子300克
	辅料	莴笋100克、胡萝卜100克、白萝卜100克、红椒5克
	调料	盐3克、白胡椒2克、葱20克、秘制调料15克
制作过程		1. 将甲鱼、河蚌、莲子分别焯水后洗净，沥干水分待用 2. 将焯水后的甲鱼、河蚌、莲子和秘制调料一同倒入砂锅，文火慢炖约40分钟 3. 出锅前加入莴笋、胡萝卜、白萝卜等辅料炖5分钟，加入盐、白胡椒进行调味，出锅后点缀上葱、红椒即可
成品特点		鲜香味美，鳖肉软烂，营养丰富
制作关键		需要用文火慢炖，切勿用旺火
营养分析		中医认为：甲鱼性味甘平，入肝、脾经，具有养阴、凉血、清热、散结、补肾等功效

第三节
海之韵

秘制三鲜卷

菜　　别：热菜

品尝地点：杭州市西湖区

获奖单位：西湖风景名胜区幼展茶庄

菜点说明

　　此菜品源于杭州市西湖风景名胜区幼展茶庄，为参加浙江省农家乐大赛特意准备的创新菜。菜品采用的泗乡豆腐皮产于杭州富阳东坞山村，相传有一千多年的生产历史了。这种腐皮薄如蝉衣，油润光亮，软而韧，拉力大，落水不糊，被誉为"金衣"。而用这种豆腐皮制作而成的"干炸响铃""素火腿""杭州卷鸡"等，都是浙江的传统名菜。

　　三鲜卷是中国传统美食之一，制作简单，味道鲜美，营养价值极高。此菜味道鲜香，质感软嫩，营养丰富，清淡不腻。

菜谱解析

烹调方法：煎

风　　味：杭州

原　料	主料	泗乡腐皮200克
	辅料	虾仁180克、扇贝80克、冬笋50克、胡萝卜20克
	调料	盐2克、胡椒粉3克、绍酒5克
制作过程		1. 将虾仁、扇贝、冬笋、胡萝卜进行刀工处理后混合，然后加入绍酒、胡椒粉、盐腌制一段时间，待用 2. 将处理好的原料包进腐皮内 3. 锅中加入油，烧至五成热，将包好的三鲜卷放入油炸，至金黄色后捞出，沥干油后装盘
成品特点		味道鲜香，色泽金黄，形状完整
制作关键		1. 注意在包腐皮的时候，不能把腐皮弄破 2. 油温应控制在五成为佳
营养分析		中医认为：大豆味甘，有和胃、调中、健脾、益气的功效 豆腐皮中含有大量的卵磷脂，能够预防血管硬化、预防心血管疾病，保护心脏

椒盐带鱼

菜　　别：热菜
品尝地点：杭州市余杭区
获奖单位：余杭柳映荷畔

菜点说明

　　带鱼又叫刀鱼、裙带、肥带、油带、牙带鱼。性凶猛，体型侧扁如带，呈银灰色，背鳍及胸鳍浅灰色，带有很细小的斑点，尾巴呈黑色，带鱼头尖口大，至尾部逐渐变细，主要以毛虾、乌贼为食。

　　带鱼和大黄鱼、小黄鱼及乌贼称为中国"四大海产"。

菜谱解析

🍞 烹调方法：煎

🍲 风　　味：杭州

原　　料	主料	带鱼一条约400克
	辅料	西瓜8克、火龙果9克、西芹5克
	调料	盐2克、胡椒粉3克、黄酒10克、干淀粉10克、油50克、椒盐3克、小葱3克

制作过程	1. 将带鱼清洗干净，剪成小段，加入盐、胡椒粉、黄酒腌制2小时，然后将带鱼两面都裹上干淀粉 2. 在锅中倒入油烧至七成热，将带鱼段沿锅边缘滑入，煎至两面金黄出锅装盘 3. 将西瓜、火龙果切丁装盘，小葱切葱花撒于带鱼表面，用西芹装饰即可
成品特点	外酥里嫩，香脆可口，色泽金黄
制作关键	1. 控制好油温，不要煎过头 2. 腌制之前要把带鱼身上的水分用纸巾吸干 3. 煎定型后再翻面，防止破坏带鱼的形状
营养分析	带鱼的脂肪含量高于一般鱼类，且多为不饱和脂肪酸，这种脂肪酸的碳链较长，具有降低胆固醇的作用 带鱼全身的鳞和银白色油脂层中还含有一种抗癌成分，对辅助治疗白血病、胃癌、淋巴肿瘤等有益

第二篇

乡味宁波

XIANGWEI ZHEJIANG

第一章

寻觅"乡味宁波"

宁波，简称甬，取自"海定则波宁"，副省级市、计划单列市，世界第四大港口城市，长三角南翼经济中心，浙江省经济中心。宁波地处东南沿海，位于中国大陆海岸线中段，长江三角洲南翼，东有舟山群岛为天然屏障，北濒杭州湾，西接绍兴市的嵊州、新昌、上虞，南临三门湾，并与台州的三门、天台相连。

早在7000多年前，宁波就创造了灿烂的河姆渡文化。宁波人文积淀丰厚，历史文化悠久，属于典型的江南水乡兼海港城市。宁波是东亚文化之都，四明学派、姚江学派和浙东学派是宁波文化的重要组成部分。

宁波农家菜起源于河姆渡文化。从河姆渡文化遗址出土的籼稻、菱角、酸枣、鱼、鳖、蚌、釜、罐、盆和钵看，当时人们已经能进行简单的烹调了。

南朝时期，余姚人虞悰就曾开浙东饮食文化研究之先河，撰成《食珍录》一书，这是浙江最早的饮食著作。那时，宁波农家菜饭铺林立，食客盈门，"雪菜大汤黄鱼""剔骨锅烧河鳗""冰糖炖甲鱼"等宁波传统农家菜从那时开始崭露头角。

舟山渔场

中华人民共和国成立后，强手如林的上海烹饪界也有宁波农家菜立足的一席之地，其中，餐饮店以"甬江状元楼""老正兴"最为出名。据史料记载，鼎盛时期在上海滩的状元楼有多达19家门店、老正兴饭馆有多达120多家门店。

改革开放后，宁波农家菜经营者勇于创新，在保持传统精华的基础上，兼收国内各大菜系之长，潜心开发新派农家菜，宁波农家餐饮业迅速崛起。宁波的农庄濒临舟山渔场，也带有海的特性和渔村的风情。

宁波农家人以蒸、烤、炖制海鲜见长，特色鲜明。宁波农家菜以咸、鲜、臭闻名，农家菜的特色为：鲜咸合一，以蒸、烤、炖等烹调方法为主，讲究鲜嫩软滑和原汁原味，色泽较浓。代表菜有雪菜大汤黄鱼、腐皮包黄鱼、苔菜小方烤、雪菜炒鲜笋等。

宁波农家菜5道

《第二节》 分布及特色

宁波农家菜主要分布在：江东、江北、海曙、北仑、鄞州、镇海、慈溪、余姚和奉化。分布较为广泛，周边有东钱湖、溪口滕头村、丹山赤水、四明山等乡村景点。

宁波的乡味主要分布如下：

❶ 奉化滕头村
——碾米推磨、鸿鹚捕鱼

宁波农家乐

奉化滕头村，位于宁波南郊、奉化城北，全村区域面积2平方公里，是一个典型的江南风情小村。滕头村致力于生态环境建设，综合魅力指数的提升也吸引着各地游客。纷至沓来的游客带动了旅游综合经济的上升，农村与休闲、旅游的紧密结合使得农家乐产业成为乡村经济转型的主要方向，并拉动了餐饮、土特产、旅游纪念品、零售等产业的发展。

该村农家乐特色项目丰富，主要有三类，田园风情游：游农家乐、参观耕作园、纺纱织布、碾米推磨、谷砻碓米、阡陌车水等；观动物竞技：憨牛较劲、凤鸡争雄、温羊角力、笨猪赛跑、百鸟争鸣、白鸽放飞和孔雀放飞；水上乐园：竹筏漂流、游泳、鸿鹚捕鱼、青鱼闹波、红鱼戏水、绿荫垂钓和参观水族馆。

奉化滕头村

❷ 东门渔村
——吃海鲜、购渔货

东门渔村有"浙江渔业第一村"之称，渔文化气息浓郁，有外海钢质渔船238艘、大小冷库20多座。渔村各家都会做"羹饭"，老百姓购来好菜，添上美酒，祭祀祖先，做麦饼筒（以麦粉糊烙成一张张圆圆薄饼，然后将餐桌上丰盛的菜肴，如肉丝、鱼片、豆芽、米面、菜干等，夹放在薄饼中，

东门渔村

像蜡烛包那样裹起来，味道极好）。

农家乐项目有：住渔家、吃海鲜、游海岛、观海景、吹海风、听海涛、瞻海神、购渔货等。

余姚市四明山镇梨洲村

❸ 余姚市四明山镇梨洲村
——高山云雾茶、小杂笋鲜、猕猴桃

浙江省农家乐特色村。

梨洲村东与北溪村、茶培村相邻，西南与平莲村接壤，西接宁波林场，北与大岚镇华山村相连。地貌为山区，光照和雨水充沛，四季分明。山地以山地黄泥土和高地红泥土为主，水田主要以山地黄泥沙田和山地黄泥土为主。村内山峰林立，海拔大都在800米以上。

主要特产有：高山云雾茶、小杂笋鲜、猕猴桃、高山蔬菜、樱花、红枫。主要特色为：小镇风情、历史文化、人文遗迹。

宁海县前童镇前童村

❹ 宁海县前童镇前童村
——麦饼、空心腐、汤包

浙江省农家乐特色村。

前童村距宁波市宁海县10公里，是一个历史悠久、风光绮丽、文化积淀深厚的江南古村落。前童村内密集的民宅多为清代中晚期所造，整体格调突显明理义的儒学观念。

该村农家乐特色美食有三宝，麦饼：用小麦粉制成，取鹅蛋大小的面团，摊成薄饼，里面裹上虾皮、肉糊、芝麻、苔菜、葱、蒜等，放在锅里烙熟，外脆里嫩，入口留香；空心腐：农家豆腐切长方块，投入200℃菜籽油中炸空，色泽金黄，呈圆形、中空，四面鼓起，撒上椒盐，回味无穷；汤包：用小麦粉和面，擀成薄皮，切成五六厘米见方，裹以馅心（馅心以黄豆、精肉、虾米、冬笋等组成），或蒸或煮，入口满嘴香。推荐农家乐有九龙湾生态农庄、宁波大桥生态农庄和天宫庄园。

精选宁波菜品制作视频（微信扫码播放）：

八宝焖奉芋

腐皮包黄鱼

桂花鲜栗羹

海参黄鱼羹

柳叶墨鱼大烤

宁波汤圆

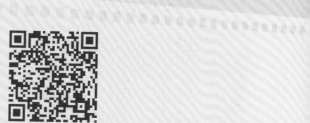

宁式鳝糊

苔菜小方燠

铁板烤蛏子

雪菜大汤黄鱼

第一节
山之珍

《贵妃花雕鸡》

菜　　别：热菜

品尝地点：宁波市北仑区

获奖单位：宁波碧秀山庄

菜点说明

来源于宁波碧秀山庄，是参加2017年浙江省农家乐烹饪比赛的创新菜品。

花雕鸡是广东的一道地方传统名菜，以其独特的口感和味道深得广大群众的喜欢。在蒸花雕鸡的时候，花雕的醇厚与鸡肉的鲜甜相结合产生了奇妙的香味，整个厨房充盈着迷人馥郁的清香。此菜在此基础上做了创新。

菜谱解析

烹调方法：焖

风　　味：宁波

原　　料	主料	放养鸡1只（约1200克）
	辅料	名贵药材50克、陈年花雕酒500克
	调料	盐10克、姜段10克、葱花10克、绍酒15克
制作过程		1. 锅中加水旺火烧沸，放入整只鸡，加姜片、葱段和绍酒，旺火煮20分钟至无血水，捞出，浸入冰水，冷却后斩段，待用 2. 砂锅中加入陈年花雕酒和各种名贵药材 3. 将鸡放入砂锅中，焖制4小时即成
成品特点		鸡肉软烂，药味浓郁，滋补养生
制作关键		1. 焖制时控制好火候，宜用文火慢焖 2. 花雕酒应足量，焖烧时应防止烧焦
营养分析		中医认为：鸡肉肉质细嫩，对畏寒怕冷、乏力疲劳、贫血体弱者有很好的食疗作用

﹛家烧奉芋﹜

菜　　别：热菜
品尝地点：宁波市
获奖单位：宁波滕头生态酒店集团

菜点说明

　　宁波地区历史上有"闯过三关六码头，尝过奉化芋艿头"之说。此菜选用正宗奉化萧王庙芋艿头为主料，经过文火慢炖工艺精制而成，在满足传统风味的同时亦最大限度地保持了原料香甜软糯、入口绵柔的特性。此菜深得广大食客的喜爱与好评。

菜谱解析

烹调方法：烧　　风　　味：宁波

原　　料	主料	奉化芋头 500 克
	辅料	高汤 750 克
	调料	色拉油 60 克、盐 5 克、酱油 20 克
制作过程		1. 将奉芋去皮清洗干净后，刀工处理成六大块，放入高压锅中 2. 热锅倒入油加热，加入高汤、盐、酱油进行调味，然后倒入高压锅，加热上汽后用小火焖制 3 分钟 3. 连汤倒回锅内，用中火收汁至汁稠时关火，出锅装盘
成品特点		香稠软糯，入口绵柔，口感极佳
制作关键		1. 菜品色泽不宜过深 2. 宜用小火焖至酥烂 3. 收汁时应轻晃，以保持菜肴的形状
营养分析		奉芋富含蛋白质、淀粉、灰分、脂肪、钙、磷、铁，可消疬散结，治肿毒和牛皮癣

{梁弄大糕}

- 🍱 菜　　别：点心
- 📍 品尝地点：余姚市
- 🏛 获奖单位：余姚四明湖开元山庄

【菜点说明】

　　大糕是余姚市梁弄镇的传统糕点，以外形美观、香甜柔糯、百尝不厌，赢得了良好的口碑。大糕外形方正，表面有可食用红粉印制的"恭喜发财""吉祥如意""福禄寿喜"等字样，色彩鲜艳，红白分明。

　　梁弄大糕是当地人端午节必不可少的食品。

【菜谱解析】

🍳 烹调方法：蒸　　　🥢 风　　味：宁波

原　　料	主料	米粉500克
	辅料	豆沙200克、面粉200克
	调料	糖100克
制作过程		1. 在豆沙中加入糖，制成豆沙馅心，待用 2. 将米粉、面粉混合，过一次筛，然后将粉（350克）放入模具中刮平、压实，嵌入馅心 3. 将剩下的粉（350克）盖在上面，刮平，放入蒸箱蒸制 4. 把大糕与模具分开，装盘即可
成品特点		红白分明，色彩鲜艳，口感香糯细腻
制作关键		1. 米粉不宜压得过紧，要保持松软 2. 米粉和面粉的比例可根据实际情况适当增减
营养分析		米粉含碳水化合物丰富。中医认为：米粉具有补中益气、健脾和胃、滋阴润肺、除烦止渴的功效

﹛敲骨浆﹜

菜　　别：热菜

品尝地点：余姚市

获奖单位：余姚四明湖开元山庄

典故由来

　　敲骨浆是一道传统的余姚特色菜。相传百余年前，有户人家请一位婚宴厨师帮忙操办婚宴。不巧，厨房的大件食料不多了，若按陈规惯例，估计做不成像样的晚宴了，主人甚是着急。这时，婚宴厨师灵机一动，把闲置的猪骨敲碎，与大米一起煨在火缸里，经长时间焖制后变成了一锅黏稠喷香的糊糊，碎猪骨的原味被完全释放了出来，香鲜无比。此菜上桌后赢得了宾客们的称赞，这道敲骨浆便"一夜成名"了。

菜谱解析

烹调方法：焖、炖、烧　　　风　　味：宁波

原　　料	主料	猪筒骨500克
	辅料	大米200克
	调料	绍酒20克、姜20克、蒜20克、鸡精2克、盐6克、胡椒粉5克
制作过程		1. 选用上好的猪筒骨，洗净，焯水后斩成两段待用 2. 在高压锅中加入清水、绍酒、姜、蒜，然后放入猪筒骨，中火焖炖20分钟 3. 选用上好的大米生炒，炒香后与猪筒骨汤一同烧制成稀糊，加盐、鸡精、胡椒粉调味即可
成品特点		色泽诱人，营养丰富，具有地方特色
制作关键		炒大米时要控制好火候，不能炒焦
营养分析		中医认为：猪骨有止泻、健胃、补骨的作用

石斛青饺

菜　　别：热菜
品尝地点：宁波市
获奖单位：宁波香泉湾山庄

典故由来

　　相传在傣历新年（泼水节）的第三天，隆重的"赶摆"之日，至高无上的太阳神来到人间查看民情，了解百姓的生活，给人们带来新生和希望。为此，傣族人民对太阳神万分感激，当太阳神要离去时，出现了一位美丽的人间女神，手捧着金色灿烂的"蛋花"（石斛）跪到太阳神面前，将"蛋花"作为礼物送给太阳神。从此，这花便成了吉祥之物、喜庆之物。之后，石斛作为保健食材，受到人们的欢迎。

　　相传，目莲（佛陀的大弟子）母亲被打入地狱后，目莲送食物给母亲，却被恶鬼一抢而空。目莲眼看母亲饿得皮包骨头，奄奄一息，于心不忍，欲设法弄吃的来挽救母亲的生命。那时正值清明节前后，目莲上山采野菜给母亲充饥，竟发现了清香扑鼻的艾草。他便采回家和米粉蒸了青团送去给母亲。蒸熟后的青团里里外外都是深青色的，看上去很恶心，恶鬼见了不屑一顾，目莲母亲这才有幸吃到青团，保住了性命。从此，人们视目莲为孝子。每逢清明节，家家户户便采来艾青做成青饺扫墓祭祖，并延续至今。

　　石斛青饺以清明青饺为基础，增加了石斛作为原料，进行了工艺改良。该点心来源于宁波香泉湾山庄，是2017年浙江省农家乐烹饪比赛的创新菜点。

菜谱解析

🍞 烹调方法：蒸

🥢 风　　味：宁波

原　料	主料	面粉500克
	辅料	石斛100克、艾草100克、肉末200克、咸菜50克、冬笋100克
	调料	色拉油20克、盐5克、味精2克
制作过程		1. 把石斛鲜条加水榨汁；将艾草洗净后放入沸水锅中煮1分钟，捞出放入冰水中漂洗，待冷却后沥干，用搅拌机将煮熟的艾草叶打成泥 2. 将石斛汁和艾草泥加入面粉中，揉成面团，搓条下剂后制成面皮 3. 将色拉油入锅加热，加入肉末、咸菜、冬笋炒香制成馅心 4. 用面皮包上馅心制成饺子，蒸笼上汽后旺火蒸12分钟即可
成品特点		清香可口，造型美观，营养丰富
制作关键		调制面团时不宜加太多水，防止揉得太稀
营养分析		石斛青饺富含碳水化合物、粗纤维。中医认为：石斛味甘、性凉，具有养心安神、益气、除热、止汗、除烦的功效

招牌酱蛋焖肉

菜　　别：热菜
品尝地点：宁波市
获奖单位：宁波滕头生态酒店集团

菜点说明

招牌酱蛋焖肉以宁海岔路口土猪肉和白峰山地鸡蛋为原料，借鉴了农村酒席中大锅菜烧蹄髈的方法，以红烧肉焖蛋的制作工艺为基础制作而成。此菜是宁波滕头生态酒店最旺销的招牌菜之一，曾在2011年宁波北仑区农家菜比赛中获得金牌。

菜谱解析

烹调方法：焖烧　　风　　味：宁波

原　料	主料	土猪五花肉1000克
	辅料	山地鸡蛋10个（约500克）、水2000克
	调料	猪油50克、葱8克、姜3克、大蒜头2克、干辣椒1克、盐5克、酱油20克、白糖20克
制作过程		1. 将五花肉清洗干净后放入不锈钢托盘中入笼蒸制1小时，取出自然凉透后切成4厘米见方的块 2. 将山地鸡蛋煮熟后剥去蛋壳 3. 锅烧热后加入猪油熬出香味，加入葱（4克）、姜、大蒜头和干辣椒搅拌均匀，再放入猪肉块翻炒1分钟，加入去壳蛋、盐、白糖和酱油，加水烧开后转小火焖烧60分钟，大火收汁，至肉色红亮，汤稠浓、汁完全包裹在肉块上即可出锅装盘 4. 将剩下的4克葱切成葱丝，用清水冲洗后放于菜品顶部
成品特点		色泽红亮，油而不腻，酥而不烂
制作关键		用大火收汁时应晃动锅，以增加汁与肉的包裹效果
营养分析		该菜肉与蛋相结合，富含蛋白质。鸡蛋是高蛋白食品，其氨基酸结构与人体非常接近，易吸收

〖招牌农家咸肉〗

菜　　别：热菜

品尝地点：宁波市

获奖单位：宁波滕头生态酒店集团

菜点说明

　　此菜选用余姚特有的农村咸肉为原料，以清蒸的烹调方法制作而成。所选咸肉七分瘦三分肥，肉质厚实，红白相间，肥而不腻，香气四溢。该菜点最大程度地保留了咸肉的原汁原味，呈现了鲜香的特色。

菜谱解析

🍚 烹调方法：蒸
🥢 风　　味：宁波

原　　料	主料	咸肉500克
	辅料	无
	调料	八角5克、生姜10克、干辣椒5克、葱10克
制作过程		1. 将整块咸肉用温水刷洗干净 2. 将咸肉皮朝上放入不锈钢脸盆，加入清水盖过咸肉，放入八角、干辣椒、生姜、葱（7克，打成结），入蒸笼蒸70分钟，取出放在托盘中用重物压6小时至咸肉平整结实。原汤留用 3. 将压好的咸肉切成宽7厘米、厚1厘米的片（共计10片），然后整齐地摆放在餐具中，加入少许原汤入蒸笼加热5分钟取出 4. 将剩下的葱（3克）切成葱花，撒在咸肉表面
成品特点		肥瘦相间，原汁原味，香气四溢
制作关键		1. 咸肉咸味偏重，可以用水冲洗至合适的咸度 2. 咸肉蒸好后一定要用重物压，保持成菜的整齐与厚实
营养分析		咸肉中磷、钾、钠的含量丰富。中医认为：咸肉具有补肾养血，滋阴润燥的功效

第二节
水之灵

﹛浪里寻踪﹜

菜　　别：热菜
品尝地点：宁波市
获奖单位：宁波春晓苑大酒店

菜点说明

塘鱼以淡水鱼为主，例如鲩鱼、鳊鱼、鳙鱼、鲢鱼、鲤鱼和鲫鱼等，通常为人工养殖。人们一般认为塘鱼不及河鱼可口，但实际上两者区别不大。

浪里寻踪由红烧塘鱼头改良而来，来源于春晓苑大酒店，是2017年浙江省农家乐烹饪比赛的创新菜品。

菜谱解析

烹调方法：炖

风　　味：宁波

原　　料	主料	鱼头一只约1000克
	辅料	筒骨500克
	调料	菜油20克、自制豆瓣酱50克、香菜10克、高汤700克
制作过程		1.取塘鱼鱼头一只，洗净待用 2.筒骨斩块，放入高压锅中加水中火煮6分钟 3.锅里倒入菜油，烧至五成油温，倒入鱼头，煎至金黄色，加入高汤和自制豆瓣酱。放入筒骨旺火煮沸，改中小火炖60分钟，再用小火炖40分钟左右 4.上菜时放上少许香菜点缀即可
成品特点		色泽诱人，汤鲜味美，肉质软嫩
制作关键		用旺火煮沸，后改用小火炖煮
营养分析		鱼头富含人体必需的卵磷脂和不饱和脂肪酸。中医认为：鱼头对降低血脂、健脑及延缓衰老有益处，有助于增强男性性功能，有暖胃、益筋骨之功效

第三篇

乡味温州

XIANGWEI
ZHEJIANG

第一章

寻觅"乡味温州"

第一节 起源与发展

温州，简称"瓯"，浙江省辖地级市，浙江省区域中心城市之一。温州位于浙江省东南部，瓯江下游南岸。全市陆域面积12065平方公里，海域面积约11000平方公里。温州旅游景区集山、江、海、湖、岛、泉之大成，自然景观与人文景观交相辉映。

温州是国家历史文化名城，温州古为瓯地，也称东瓯，唐朝时始称温州，至今已有2000余年的建城历史。温州文化属瓯越文化，温州人属江浙民系，使用吴语。

温州农家菜是"瓯菜"的重要组成部分，不仅是饮食民俗，也是一种民间文化事象。在民间饮食文化的基础上，自成一体，独具风味。

宋朝时，温州郡开辟了通商口岸，市场繁荣，饮食业随之兴起。温州郡城的多处酒楼都经营温州农家菜，著名的有"海月楼"（官开酒楼）、"八仙楼"（官开酒楼）、"众乐园"。当时南北饮食大交流，农家菜肴变得颇为丰盛。民间相传已有吃凤尾鱼（俗称"子鲚"）的民俗。据说宋代状元王十朋曾在江心孤屿读书。因他勤奋好学，感动了东海龙王，特地送这种叫"子鲚"的鱼给他吃。

温州农家乐

温州农家菜5道

　　明清时期农家菜饮食仍传承宋俗。郡城多设酒楼，明有"挟海楼"（在康乐坊）、"八仙楼"（在东北隅），清有"醉月楼""冰壶楼"。当时南北各类农家菜肴云集温州，饮食行业十分兴盛。

　　民国时期，温州餐饮业已有相当规模，而且农家菜肴档次也大大提高，著名酒楼有"意大利"（后改"华大利"）、"醒春居""郑生记""福家园""松鹤楼"和"振顺"等。当时各酒馆推出的农家菜肴甚多，如玉带海参、芙蓉蝤蛑、马铃熏鱼、炸银鱼排、捶鱼馄饨等，具有地方风味，颇负盛名。

　　中华人民共和国成立后，特别是改革开放后，温州农家乐得以迅速发展。经过温州许多知名厨师的努力，温州农家菜日臻完美，各种名菜竞相推出。

　　20世纪90年代，温州筛选出经典农家菜200多道，最后有46道被选登《中国菜谱》。其中包含一道经典的农家菜：清汤鱼圆。该菜选用鲜鱼肉（黄鱼）为主料，加少许蛋清、精盐、黄酒制成"白丸子"，形如鸽蛋状。清汤鱼圆是本色菜，即用"白丸子"加鲜美的清汤即可。此外，可用红菜（红萝卜）将"白丸子"装饰成"金鱼"，菜名为"游动金鱼"。

　　温州农家菜具有鲜明的特色：以海鲜入馔为主；轻油轻芡，重刀工；口味清鲜，淡而不薄；烹调讲究，细巧雅致。

{第二节} 分布及特色

温州农家菜广泛分布在瓯之南、瓯之中、瓯之北的农家乐之中。

瓯之南的农家菜融入了革命文化。抗日根据地平阳县是老革命根据地，县内现存革命遗迹众多，包含红军革命史迹、闽浙边根据地史迹等五大板块。当地的农家菜，能让人体验到自然山水和红色文化交融而产生的别样味道。

瓯之中的农家菜以灵霓北堤周边最具特色。灵霓北堤绵延于瓯江口外的东海之上，全长14.5公里，是我国目前最长的跨海大堤。它一端连接洞头县的霓屿岛，另一端经灵昆岛连接陆地。

瓯之北的农家菜主要分布在各个农家小院。雁荡山脚下是农家菜聚集的地方，其中又数土鸡颇具特色。雁荡山美景与农家小院的美食融合，为当地农家菜的发展提升了不少人气。

"温州的乡味"主要分布如下：

❶ 永嘉县黄南乡林坑村——三丝敲鱼、五味香糕

浙江省农家乐特色村。

林坑村位于永嘉县的北部山区，楠溪江的源头，以毛姓为主。据传祖上为避战乱，自江西吉安背井离乡迁徙而至。林坑村是革命老区，素有永嘉北大门之称。这里的居民勤劳朴实热情，过着男耕女织、与世无争的田园生活。这里的环境以"村古、竹秀、水清、瀑多、谷深"见长，有林坑古村等旅游景点，是旅游、休闲、探险、摄影、考古的好去处。

永嘉县黄南乡林坑村

农家特色菜品有三丝敲鱼、五味香糕。

三丝敲鱼：原为温州市家喻户晓的一道名菜，选用近海鱼或鲜黄鱼，烹调时增加调味品与配料。后经过改进提高，烹调时加入鸡丝、火腿丝、香菇丝和熟青菜心，成为名肴。此菜鱼肉鲜嫩，色白汤清，香鲜可口，富有地方风味。

五味香糕：又称五色香糕，为传统名点，创于20世纪60年代后期。以糯米粉和精白糖为主料，经糕盘加工成型后蒸炊而成。红色配以桂花香精，黄色配以香蕉香精，白色以五香（五香、八角、小茴、橘皮、花椒）为馅，黑色裹有黑芝麻粉，别具风味，老幼咸宜。

❷ 平阳县西湾乡跳头村——奇异果、番石榴、双味猴蚱

浙江省农家乐特色村。

西湾乡跳头村位于温州第三大流域鳌江入海口北岸，边上有横店村、海城村、东城村，交通便利，物产丰富，环境优美，气候温和。跳头村西湾乡是自然景观最为丰富的村落之一。这里山崖雄奇，沙滩秀美，是一个典型的浙南渔家村落。

主要农产品有：奇异果、番石榴、洋蓟、西洋菜、韭菜花、芹菜梗和香菜。农家特色菜品有双味猴蚱（习称青蟹为蟳蚱）等。此菜选用清蒸和锅贴，蟹饼排列在盘中央，间隙处衬以香菜、姜丝，带醋两小碟上桌。此菜形态活泼，色彩艳丽，肉如膏脂，鲜美异常。

平阳县西湾乡跳头村

精选温州菜品制作视频（微信扫码播放）：

蛏子粑

家烧青蟹

江蟹生

酱鸭舌

酒炖大黄鱼

龙虾刺身

马蹄虾

敲虾汤

温州鱼丸

第二章
获奖
味谱

第一节
山之珍

矾都肉燕

菜　　别：热菜

品尝地点：温州市苍南县

获奖单位：温州市为唐公餐饮管理有限公司

菜点说明

苍南地处浙闽交界，自古以来，该地浙闽文化交融、交往密切。矾都肉燕在明嘉靖年间，由福州传至苍南矾山，后经几代厨艺工作者的创新、改良，现成为苍南家喻户晓、最负盛名的温州名小吃。

矾山镇位于浙南边陲，东海之滨，东临鹤顶山，南连岱岭乡，西依福建省福鼎市前岐镇，北面与南宋镇、昌禅乡接壤，海拔250米，四周群山环绕，东高而西低，形成东西走向的葫芦形盆地。省道线穿境而过，临近中墩码头、前岐姚家屿码头和国家级渔港霞关渔港，是交通的枢纽和"咽喉"之地，是马站、赤溪、南宋及前岐等地周边地区的商品集散地和交通会集点。是浙南历史最悠久的矿山集镇，以盛产明矾而驰名中外，素有"祖国矾都""世界矾都"之美誉。

菜谱解析

🍲 烹调方法：煮

🍵 风　　味：温州

原　料	主料	猪后腿精肉500克
	辅料	葱结25克、姜10克、糯米糊10克、植物碱5克、薯粉20克
	调料	桂皮10克、绍酒50克、酱油350克、白糖120克、香油2克、高汤400克
制作过程		1. 选用猪后腿精肉，要现宰现用，力求新鲜 2. 将猪肉剔净筋膜、碎骨，然后将精肉块软硬搭配分组，每坯重85克 3. 将精肉坯放置在砧板上，用木棰反复捶打，并加入糯米糊、植物碱，以增强黏性 4. 将胶状肉泥放在木板上，均匀地撒上薯粉，轻轻拍打压延展，直至成型。将鲜燕切成长、宽均为7厘米的四方块，即成燕皮 5. 取猪后腿肉剁成末，加入味精、盐、白糖、生抽、香葱末，顺着一个方向搅拌上劲成馅心。取一片燕皮，放四指当中，用扁竹片挑些肉馅，单角提起向内卷两圈，左右两边沾水向内围，手指随意合拢捏紧即成肉燕 6. 将生肉燕下锅煮沸，烧3～4分钟至肉燕上浮即可出锅入碗，加入高汤调味，滴几滴香油即可
成品特点		皮薄如纸，其色似玉，口感软嫩，味韧而绵，食香盈口，形似飞燕
制作关键		捶打时用力要均匀有节奏，肉坯要反复翻转。边捶打边挑除细小筋膜，直至肉坯打成胶状肉泥
营养分析		肉燕含优质蛋白质和必需的脂肪酸，还可提供血红素（有机铁）和促进铁吸收的半胱氨酸，能改善缺铁性贫血

怀溪番鸭

菜　　别：热菜
品尝地点：温州市平阳县
获奖单位：平阳怀溪阿浪鸭店

菜点说明

　　番鸭是从南美洲引进的品种，属于高档瘦肉型鸭种，体形硕大，成年公鸭体重4.9～5.3千克，母鸭体重2.7～3.1千克，身体长宽略扁，头颈粗大，喙较短而窄，喙基部和眼周围有红色或赤黑色皮瘤，胸宽平，翅膀大而长，强壮有力，脚短粗实，蹼大而肥厚，羽毛紧贴身躯。它以生长快、耗料少、肉质优、污染小、抗逆性强而著名。

　　怀溪饲养番鸭已有100多年的历史。怀溪村民引进番鸭后，几乎家家户户都要养上几只番鸭，过年时，或馈赠亲友，或宴请宾朋。而且，当地村民还有这样的风俗习惯，来年的第一天（正月初一）早上，家家都要用鸭子煮长寿面作为早餐，寓意着一生健康长寿。

　　怀溪小街两旁先后开出了二十多家番鸭店，俨然成了番鸭一条街。"怀溪番鸭"慢慢也就声名远扬，亲带亲，友偕友，慕名前来怀溪吃番鸭的人络绎不绝。尤其是节假日，周边县市区的食客，也不乏温州市区的美食家纷至沓来。久而久之，"怀溪番鸭"成了温州市平阳县及其周边地区的一道名菜。

菜谱解析

烹调方法：烧

风　　味：温州

原　料	主料	嫩鸭1只（约1250克）
	辅料	葱结25克、姜10克、桂皮10克
	调料	绍酒50克、红曲酒30克、酱油350克、白糖120克、盐7克、味精5克、菜籽油100克

制作过程	1. 将鸭切块，生姜切成条状待用 2. 在锅里倒入菜籽油，放入鸭块和生姜翻炒10分钟，直到肉块中的水分炒干；再放葱结、桂皮、绍酒、酱油、白糖、盐、味精、怀溪自家酿的红曲酒，煸炒15分钟至干 3. 在炒好的鸭块中倒入1500毫升左右的开水（怀溪的山泉水），大火烧10分钟即可（如果不忌讳吃血，可以把焖好的血倒在汤里）
成品特点	色泽鲜艳，味美可口，农家特色鲜明
制作关键	1. 鸭子现杀现烧，先炒后煮，其中的关键是用柴火烧并控制火候和时间，这样才能保持番鸭纯天然的风味不受破坏，使其带有独特的香味 2. 不能使用普通的料酒，用的是自家酿造的红曲酒；并且对选用的生姜很有讲究，一定要鲜嫩、块大、色浅；开水需用怀溪的山泉水 3. 如果要取鸭血，可在水中放血，加入盐、味精，打碎、搅拌，再放入锅内焖几分钟
营养分析	中医认为：鸭肉性寒、味甘、咸，归脾、胃、肺、肾，可大补虚劳、滋五脏之阴、清虚劳之热、补血行水、养胃生津

第二节
水之灵

⦃ 柴火望潮跳鱼 ⦄

🍱 菜　　别：热菜

📍 品尝地点：乐清市

🏛 获奖单位：乐清市雁荡西门岛码头海鲜馆

典故由来

　　食材来自乐清湾的源头——蒲溪出海口，咸淡水结合处，品尝小海鲜绝佳之地西门岛的滩涂中。"立在洞中望潮至，送来蟹虾吃勿歇。"望潮，是被赋予诗意的小章鱼，潮涨时外出觅食，潮落后躲藏洞中。据说，渔民时常凭借其触角的上下摇动，判断潮水的涨落。跳鱼只吃滩涂微生物，肚肠内没有渣滓，也没鱼鳞，在海边的人家，都习惯活鱼活煮。"跳鱼小妖精，头上长眼睛，倒入热水锅，全部跳光光"。跳鱼的肉质极嫩，在开水里只要几分钟就要捞出来。时间煮久，鲜味就大打折扣了。

菜谱解析

🍲 烹调方法：烧

🥢 风　　味：温州

原　　料	主料	跳鱼200克、望潮200克
	辅料	无
	调料	盐2克、绍酒15克、酱油5克、葱段5克、姜片10克、蒜子10克，食用油20克
制作过程		1. 先将跳鱼放入沸水里焯一下，马上捞起；将望潮也同样焯水，切成段 2. 倒入食用油，放蒜子、姜片煸香，将跳鱼和望潮依次倒入锅中，淋入绍酒、酱油，放适量水，大火烧约8分钟后，放入葱段翻炒、加盐调味，即可
成品特点		口味咸鲜，肉质脆嫩，富含营养
制作关键		掌握好火候以及加热时间
营养分析		跳鱼肉质细嫩鲜美，壮阳滋阴、补肾壮腰、活血舒筋。望潮肉质鲜嫩，含有丰富的蛋白质，是恢复体力、补充营养的高级水产品

﹛养生鱼脑﹜

菜　　别：热菜

品尝地点：乐清市

获奖单位：乐清蒲岐古城酒楼

菜点说明

　　此菜来源于乐清蒲岐古城酒楼，为参加2017年浙江省农家乐烹饪比赛的创新菜品。乐清市蒲岐镇地处东海乐清湾，历来有海鲜古镇之称（有33.1万亩的海涂）。6000多年前，大陆架上升，原来的海湾渐次淤积，出现了新的滩地和新的滨海平原，即今日的乐清湾海岸线。先民们以采贝捕鱼为生。

菜谱解析

烹调方法：烧

风　　味：温州

原　　料	主料	养殖鲨鱼软骨200克、养殖鲨鱼脑100克
	辅料	枸杞10克、木瓜100克
	调料	蜂蜜50克、冰糖50克、湿淀粉30克
制作过程		1. 取优质鲨鱼软骨水发24小时，用高压锅压至软 2. 枸杞用温水泡发待用，木瓜切成小丁待用 3. 锅中加水烧开，放入发好的鲨鱼脑，加入冰糖、蜂蜜、枸杞、木瓜烧开，用湿淀粉勾芡即可
成品特点		口味清爽、香甜，清淡养生
制作关键		1. 鲨鱼软骨水发要发透 2. 掌握好火候及加热时间
营养分析		鲨鱼脑富含蛋白质和软骨素

乡味湖州

XIANGWEI
ZHEJIANG

第一章

寻觅"乡味湖州"

{第一节} 起源与发展

  湖州，浙江省辖地级市，地处浙江省北部，东邻嘉兴，南接杭州，西依天目山，北濒太湖，与无锡、苏州隔湖相望，位于东苕溪与西苕溪汇合处。

  湖州建制始于战国，有众多的自然景观和历史人文景观。湖州是国家历史文化名城、国家森林城市、中国优秀旅游城市、浙江省文明城市。湖州有着优美的自然景观和众多历史人文景观，风光独特。

  湖州农家菜与湖州历史及文化有着不解之缘。湖州自古以来就有着鱼米之乡、文化之邦的美誉，历史上一直以富庶而著称，宋朝就有"苏湖熟、天下足"之美誉。湖州不仅是全国著名的粮仓，而且拥有全国十分之一产量的淡水鱼。这对湖州农家菜的取材产生了很大的影响。

  湖州农家菜有着悠久的历史。唐朝有"桃花鳜鱼"，取诗意于张志和的《渔父词》。北宋有"春后银鱼霜下鲈，远人曾到合思吴"的"银鱼鲈脍"。清朝有"烂糊鳝丝"，相传乾隆皇帝去海宁途经湖州，听闻湖州荻港的"烂糊鳝丝"，特停泊湖州派人到荻港采办此菜。菜到

鱼米之乡

湖州农家菜5道

后只见盆中凹潭熟油沸腾，五油三辣（即猪油、菜油、酱油、糟油、香油；姜辣、蒜辣、胡椒辣），烹调十分讲究，乾隆龙颜大悦，从此"烂糊鳝丝"脍炙人口，被列为宫廷菜肴。

自古以来，湖州农家菜名厨辈出，他们以自己的聪明才智，不断创新，以高超的技艺制作出了众多名菜名点，如：丁莲芳千张包子、诸老大粽子、酱羊肉、双林子孙糕、南浔橘红糕等，声誉传遍江南大地。因此，湖州农家菜文化从一开始就表现出了婉约、清幽、精致的特色，农家菜则形成了以小吃见长、口味偏甜、烹饪工艺精巧、富有水乡田园风味的特点。

《第二节》 分布及特色

　　湖州乡味主要来自湖州的农家乐，湖州农家乐主要分布在长兴、德清、安吉等地。农家乐中的茶宴、紫笋、湖鲜、湖珍美味而诱人。

湖州农家乐

　　德清农家乐，周边青山连绵，竹海无边，空气清新，泉水甘甜，特色有竹荪、竹笋、笋干、竹林鸡、竹工艺品等。

　　安吉农家乐，位居黄浦江源头，藏于龙王山怀抱、中国大竹海之中，特色有白茶、百笋宴、竹林鸡煲、高山野菜等。游客可以春天挖笋、夏天避暑、秋天采果、冬天滑雪。

　　湖州乡味主要分布如下：

❶ 长兴县小浦镇方一村——白果、吊瓜、茶叶采摘

　　省级农家乐特色村。

　　方一村位于享有"十里古银杏长廊"美誉的小浦镇八都岕的中段，地处苏浙皖交界点，交通便利；亚热带气候与低山丘陵地况结合，具有土层厚、有机质含量高的特点，适宜茶树、青梅、毛竹、银杏等多种植物生长。整个村庄地形呈线状，青山排闼，大涧中流，民舍依山傍溪而建，民生安乐，生态怡人。早春四月看青茶采摘，赏银杏吐翠；晚秋九月看金黄绚烂，品新落白果。

　　推荐农家乐：方苑农家乐、陈家小院、银杏林农家乐、银桂山庄。

小浦镇方一村

主要休闲项目有观赏树木和茶叶采摘。观赏树木：村内遍布百年以上树龄的银杏树，近2400株；茶叶采摘：村内农家乐均有自家的茶园，可供游客自行采摘。

❷ 安吉县天荒坪镇银坑村——笋干、白茶、高山茶

省级农家乐特色村。

银坑村隶属安吉县天荒坪镇，位于天荒坪镇中部，地理位置狭长，行政村总面积4.2平方公里，其中山林面积9344亩。银坑村与"江南天池"景区、"藏龙百瀑"景区及"中国大竹海"景区均隔岭相望，并拥有一个生态文化影视基地"天下银坑"景区，是一个拥有良好生态文化的村庄。全村共有16家农家乐。

天荒坪镇银坑村

推荐农家乐：娇娇农家乐、天兴酒家、金氏酒家、巍巍山庄。

休闲项目有挖竹笋、采摘蔬菜、特产制作等。挖竹笋：银坑村坐落在竹海中，按时节不同可以让游客体会挖毛笋、春笋、鞭笋、冬笋的乐趣。果蔬采摘：各农家乐经营户均有自家的菜园，可供游客体验采摘、种植蔬菜的乐趣，让游客吃上自己亲手采摘的正宗农家菜。竹林土鸡：竹林中放养的土鸡，是当地特有的美味。特色土产制作区：根据节令的不同，游客可以与农家乐经营户一起制作土特产，如包粽子，做清明圆子、芽麦圆子，酿米酒，等等，现做、现吃，充分体验农村的生活习俗。

❸ 安吉县报福镇石岭村——石笋干、高山茶、山核桃

省级农家乐特色村（点）、省级农家乐精品示范村、省级特色旅游村。

石岭村环境优美，空气清新，是一个适合休闲旅游的天然氧吧。村里自2002年开始创办农家乐，到目前为止，已发展农家乐50多家，年接待游客10万人次以上，大部分游客都是慕名而来。

报福镇石岭村

推荐农家乐：申源山庄、大真山庄、绿源山庄、水湾湾农家乐、石岭山庄。

休闲项目有果蔬采摘、垂钓嬉水、土鸡养殖、节气活动。果蔬采摘：村内农户家中有自己种的菜园，可以让客人餐餐吃上放心的绿色食品；垂钓嬉水：可在小河边随意垂钓，在溪流中划竹筏，享受与自然融为一体的美妙感觉；土鸡养殖：竹林丛中放养的土鸡，可作为餐厅的一道美味佳肴；节气活动：如端午节包粽子、做清明圆子等。

❹ 德清县钟管镇小南湖渔村
——垂钓、淡水鱼

省级农家乐特色村、省级休闲渔业园区。

小南湖渔村位于钟管镇，以自然资源南湖漾为中心，是集垂钓、娱乐、观光为一体的多功能综合性渔家乐。

休闲项目有垂钓、唱歌、棋牌等。

钟管镇小南湖渔村

❺ 德清县铜官庄休闲养生居
——各类德清土特产

省级五星农家乐经营户、省级农家乐特色村（点）。

铜官庄位于德清县武康镇五四村铜官山麓，环境优雅，依山傍水，绿荫环抱，以独具匠心的园林建筑设计为主题，融传统风格与现代设施于一体，集住宿、餐饮、会议、娱乐等功能，尤以健康养生、农事体验为特色。土地面积20亩，经营用房2000余平方米。土特产和农家菜具有较高的知名度。

休闲项目有棋牌、骑车、农事体验等。

铜官庄休闲养生居

精选湖州菜品制作视频（微信扫码播放）：

慈母千张包

金牌酱羊肉

卤牛肉

莫干山八宝笋

清炒河虾仁

太湖野白鱼

鲜肉馄饨

鲜肉小笼包

盐水花生

炸细沙羊尾

第四篇·乡味湖州

第一节
山之珍

板栗乌米粉蒸肉

菜　　别：热菜

品尝地点：湖州市长兴县

获奖单位：长兴川步村绿野仙踪

　　粉蒸肉是一道家喻户晓的家常菜。相传南北朝时期陈朝开国皇帝陈霸先游水口时，来到一个农户家，品尝该菜后赞不绝口。该食材普通常见，操作方法简单，一直流行于大江南北。

菜谱解析

　🍴 烹调方法：蒸
　🔥 风　　味：湖州

原　料	主料	五花肉500克
	辅料	板栗碎300克、乌米粉100克
	调料	红糖100克、老抽20克
制作过程		1. 将五花肉切成8厘米长、5厘米宽、2厘米厚的块，用红糖、老抽等调料腌制半小时 2. 随后裹上乌米粉、板栗碎等，码入蒸笼，蒸制40分钟即可
成品特点		肥而不腻，口感软糯
制作关键		1. 肉要切得薄厚均匀 2. 蒸制时间要到位
营养分析		中医认为：乌米粉有补益脾胃、止咳、安神、明目、乌发之功效。板栗具有健脾养胃、止血消肿、强筋健骨之功效

瓷之南瓜盅

菜　　别：热菜

品尝地点：湖州市德清县

获奖单位：德清铜官庄休闲养生居

菜点说明

　　该菜品出自德清铜官庄休闲养生居，为参加2017年浙江省农家乐烹饪比赛设计菜品。南瓜可治脾胃虚落、气短倦怠、高血糖等。南瓜含有丰富的胡萝卜素，有助于提高人体免疫力，预防感冒，防止近视。

菜谱解析

烹调方法：烧　　　风　　味：湖州

原　料	主料	日本南瓜1个（1500克）、仔排500克
	辅料	蒜子100克、红椒末2克、葱花2克
	调料	酱油25克、白糖5克、绍酒15克、盐3克、味精3克、豆豉5克
制作过程		1. 将南瓜雕刻成容器，蒸熟（保温）待用 2. 将仔排切成3厘米长的段，焯水洗净，待用 3. 起锅加油，加热至五成热，放入焯过水的仔排、蒜子煸炒，加酱油、豆豉、白糖、绍酒、盐、味精及清水，大火烧开，转小火焖烧30分钟 4. 将烧熟的仔排装入南瓜盅即可上菜
成品特点		鲜香软糯，口味醇厚
制作关键		1. 仔排要烧透，才能入味 2. 南瓜不要蒸过头，否则无法当器皿使用
营养分析		中医认为：南瓜具有补中益气、消炎止痛、清热解毒、治虚寒、润肺止咳之功效

慈母状元包

菜　　别：热菜

品尝地点：湖州市德清县

获奖单位：德清铜官庄休闲养生居

菜点说明

湖州千张包子以纯精肉、开洋、干贝等作馅，豆制品千张作皮，包成卷，配以优质粉丝，口味独特。此菜品来源于德清铜官庄休闲养生居，为参加2017年浙江省农家乐烹饪比赛设计菜品。

菜谱解析

烹调方法：炖　　　风　　味：湖州

原　料	主料	千张100克、肉丁笋干糯米饭150克
	辅料	菜心150克
	调料	酱油3克、味精3克、湿淀粉15克、红烧肉汤200克、白糖15克、亮油5克
制作过程		1. 肉丁笋干糯米饭拌匀搓成条备用；将千张改刀成边长12厘米的正方形，共12张 2. 把糯米条包入千张中，用棉纱线扎紧，备用 3. 将锅上火加入红烧肉汤、酱油、白糖及包好的千张包，大火烧开后用小火煮半小时捞出，拆去棉纱线，备用 4. 将锅上火加水烧开，倒入菜心，焯水后捞出，淋上亮油，整齐地摆放在盘中，备用 5. 锅中加原汤，用湿淀粉勾芡后浇在千张上，然后用筷子把浇上汁的千张包整齐地摆放在菜心上，即可
成品特点		质感鲜糯，醇香入味
制作关键		1. 千张包一定要包紧，以免散开，大小要一致 2. 千张包要煮制入味
营养分析		中医认为，千张性平味甘，有清热润肺、止咳消痰、健脾养胃、解毒、止汗等功效

芙蓉野山果

- 菜　　别：热菜
- 品尝地点：湖州市德清县
- 获奖单位：德清铜官庄休闲养生居

菜点说明

　　此菜品来源于德清铜官庄休闲养生居。为参加2018年浙江省农家乐烹饪比赛设计的菜品。此菜是山区百姓冬季一款纯天然的绿色食品，也是传统名吃。

　　枳，又称枸橘、枳壳、臭橘，属于芸香科枳属植物。枳味苦，可作中药，《晏子春秋》中有"南橘北枳"的寓言，晏婴以此故事来说明环境很重要。但事实上，橘、枳为不同属的植物。

菜谱解析

🍳 烹调方法：蒸　　🍲 风　　味：湖州

原　料	主料	苦枳果200克
	辅料	辣椒末20克、青大蒜20克
	调料	海鲜酱20克、盐3克、糖20克、熟菜籽油30克
制作过程		1. 将苦枳果晒干磨成粉，用传统工艺制作果粉，并切成2厘米见方的丁待用 2. 将切好的果粉丁放入器皿中，加入海鲜酱、盐、糖、熟菜籽油 3. 入蒸箱蒸制15分钟，取出即可（也可撒上青大蒜和辣椒拌匀食用）
成品特点		色泽自然，润滑细嫩，清热解毒
制作关键		1. 苦枳果需磨成细粉，用传统工艺制作果粉 2. 入蒸箱蒸制时间15分钟为宜
营养分析		中医认为：苦枳具有润肠止泻、生津止渴之功效

顾渚药膳煨牛排

菜　　别：热菜

品尝地点：湖州市长兴县

获奖单位：长兴县水口乡水口村
　　　　　南山农家乐

菜点说明

顾渚紫笋，因其鲜茶芽叶微紫，嫩叶背卷似笋壳，而得名。紫笋茶产于浙江省湖州市长兴县水口乡顾渚山一带，是上品贡茶中的"老前辈"，早在唐代便被茶圣陆羽论为"茶中第一"。在唐朝广德年间开始进贡，正式成为贡茶。紫笋茶、金沙泉、紫砂壶，被称为品茗三绝。

因紫笋茶的芳香怡人，后世的人们就在菜品中给予突破，用顾渚紫笋、本地山区黄牛排加上适量当归、党参等药材，制作出顾渚药膳煨牛排。

菜谱解析

 烹调方法：炖

风　　味：湖州

原　料	主料	本地山区黄牛排1000克
	辅料	当归50克、党参50克、顾渚紫笋20克
	调料	生姜片10克、青红椒各5克、蒜子5克、香菜5克、盐6克
制作过程		1. 将本地山区黄牛排洗净，切大块，焯水待用 2. 取锅加油烧热，加生姜片、青红椒、蒜子煸香，加入清水、当归、党参、顾渚紫笋、焯水过的牛排，大火烧开，用小火煨制酥烂，加盐调味后装盘撒上香菜即可
成品特点		成品酥烂，香味逼人
制作关键		1. 牛排焯水要透彻 2. 牛排一定要烧酥烂
营养分析		中医认为：立秋过后就可以适当地补气补血，当归、党参健脾益气、养血，和牛排一起煨煮具有滋补养生之功效

{好食蚕花包}

菜　　别：点心
品尝地点：湖州市南浔镇
获奖单位：湖州南浔含山好日子

菜点说明

　　"轧蚕花"是江南蚕乡崇拜蚕神的一种表现形式，也是中国丝绸文化的有机组成部分。民间传说把含山比为蚕神的发祥地或降临地，含山清明"轧蚕花"民间习俗便由此产生。传统的含山"轧蚕花"活动主要有：背"蚕种包"、上山踏青、买卖蚕花、戴蚕花、祭祀蚕神、水上竞技类表演等活动。蚕花包最早是祭祀蚕神的食物之一。

菜谱解析

🍞 烹调方法：蒸

🍲 风　　味：湖州

原　　料	主料	面粉200克、猪肉100克、肉皮冻50克
	辅料	干酵母3克、水90克、白糖20克
	调料	姜末2克、盐2克、味精1克、芝麻油10克、绍酒4克
制作过程		1. 制坯：面粉加水、酵母、白糖等，采用"调和法"或"拌和法"和面，饧面10分钟后，采用"揉面"的调面方法将面团调匀调透，饧发1小时左右后成为"大酵面"，搓条，"揪剂"，下剂（50g面粉下1个剂子），用"按皮"法制成边薄中间略厚、直径为8～10厘米的圆皮 2. 制馅：将夹心肉绞成末加入调料和适量水（占30%～40%）搅拌起胶，最后拌入皮冻末成"鲜肉馅"，并放入冰箱冷藏（皮冻是将鲜肉皮洗净，加葱、姜、绍酒、水一起熬至皮质酥烂，取出肉皮绞碎，再放到原肉皮汤中煮熬至浓稠，倒出冷却并绞成皮冻末。一般使用前拌入肉馅中。） 3. 成形："填入法"上馅（坯馅比例为1∶1）后，采用"提捏"的成形方法折褶成菊花形花纹 4. 熟制生坯上笼，稍饧后再次膨发，用旺火蒸8～10分钟
成品特点		形状饱满，颜色洁白，蓬松适口
制作关键		1. 面要揉匀、揉透 2. 要熟练掌握包子成形的技巧
营养分析		本菜点是发酵食品，传统发酵食品具有丰富的营养价值和强大的保健功能，酵母中的酶能促进营养物质的分解。身体消瘦的人、儿童和老年人等消化功能较弱的人更适合吃这类食物

﹛秘制羊肉﹜

﹝菜点说明﹞

　　柴火羊肉是含山周边地区农家美食。柴火羊肉用农家土灶，燃麦草秸秆果木硬柴，选用当地足龄胡羊羔，用独家秘方，经十二道加工程序烹制而成。寒冬腊月是吃羊肉的最佳季节。在冬季，人体的阳气潜藏于体内，因此身体容易出现手足冰冷，气血循环不良的情况。羊肉味甘而不腻，性温而不燥，具有补肾壮阳、暖中祛寒、温补气血、开胃健脾的功效，所以冬天吃羊肉，既能抵御风寒，又可滋补身体，实在是一举两得的美事。"男人的加油站，女人的美容院"是当地人形容吃羊肉好处的一种说法。

菜　　别：热菜

品尝地点：湖州市南浔镇

获奖单位：湖州南浔含山好日子

菜谱解析

烹调方法：卤

风　　味：湖州

原　料	主料	羊肉1000克
	辅料	葱结20克，姜块20克、生姜末3克、青蒜末3克、红椒末3克
	调料	茴香10克，桂皮10克，花椒10克，料酒30克，盐5克，酱油30克、羊肉老汤（约2500克）
制作过程		1. 将羊肉漂净血水，切大块，放入沸水中汆透，捞出，洗净待用 2. 在锅里加入羊肉老汤烧沸，然后加入羊肉、酱油、盐、料酒、茴香、桂皮、姜、葱、花椒，用小火烧至肉烂后盛装在器皿中，撒上生姜末、青蒜末、红椒末即可
成品特点		精而不油，酥而不腻，香而不膻，色泽红亮
制作关键		1. 焯水要透彻 2. 烧制时间要到位，要把羊肉烧到酥烂
营养分析		中医认为："羊肉甘热，能补血之虚"。据明代《本草纲目》记载："羊肉补中益气，性甘，大热。"

太湖药膳鸭

菜　　别：热菜

品尝地点：湖州市长兴县

获奖单位：长兴县洪桥镇太湖村太湖会庐舍

典故由来

司马迁在《史记》中记载"禹治水于吴，通渠三江五湖。"相传，四千多年前夏禹在太湖治理水患，开凿了三条主要水道——东江、娄江、吴淞江，沟通了太湖与大海的渠道，将洪水疏导入海，为太湖地区奠定了"物产丰饶、鱼米之乡"的条件。

太湖药膳鸭取太湖水鸭，加上药材，采用秘制调料，精心烹制而成。

菜谱解析

🍽 烹调方法：焐

🍲 风　　味：湖州

原　　料	主料	太湖水鸭一只（1500克）
	辅料	枸杞20克、杜仲20克、川芎20克、熟去壳鸽蛋10枚、葱20克
	调料	盐15克、八角15克、花椒10克、绍酒30克
制作过程		1. 太湖水鸭用流动的水漂洗干净，待用 2. 腌制：将盐（10克）和花椒粒、八角（10克）倒入锅中煸炒出香味后趁热抹在鸭身上，并且腌制2小时 3. 制卤：起锅加水，放入盐（5克）、葱结、枸杞、杜仲、川芎等药材（也可以放入包扎袋中），八角（5克）和绍酒烧开，待用 4. 将腌制过的鸭子放进锅里卤水中，用大火烧开后浸焐1小时后再次烧开，撇去浮沫，加鸽蛋，大火收汁，捞出即可（也可以晾凉斩件上碟）
成品特点		咸鲜味美，带有独特的中药清香味
制作关键		1. 鸭的血水一定要漂洗干净 2. 浸焐的时间要充分，否则口感不酥 3. 浸焐时要采用小火，否则口感不嫩
营养分析		《本草纲目》记载"鸭肉性味甘、寒，填骨髓、长肌肉、生津血、补五脏"。杜仲味甘，性温，有补益肝肾、强筋壮骨之功效。川芎具有祛风、活血、润肤、止痒之功效

❲铜官瓷酱香❳

菜　　别：热菜

品尝地点：湖州市德清县

获奖单位：德清铜官庄休闲养生居

菜点说明

　　酱鸭，是江南地区特色的传统风味名菜之一。其因色泽黄黑而得名，具有鲜、香、酥、嫩的特点。

　　该菜点为德清名菜，是德清百姓秋冬季喜闻乐见的家常菜，来源于德清铜官庄休闲养生居，为参加2017年浙江省农家乐烹饪比赛设计的菜品。

菜谱解析

烹调方法：蒸　　　　风　　味：湖州

原　料	主料	酱鸭200克
	辅料	芋头200克、葱花5克
	调料	味精3克、绍酒20克、白糖10克、生姜5克
制作过程		1. 先将酱鸭洗干净，加绍酒（10克）、白糖、生姜蒸熟，自然冷却后，进行改刀，待用 2. 将芋头放入器皿中，放上切好的酱鸭块，加味精、绍酒（10克）上蒸笼10分钟蒸透，撒上葱花即可
成品特点		酱香浓郁，油而不腻
制作关键		蒸的时间要充分，芋头一定要蒸到酥烂
营养分析		酱鸭肉中的脂肪酸熔点低，易于消化。芋头性平，味甘、辛，能益脾胃、调中气

竹林砂锅鸡

菜　　别：热菜

品尝地点：湖州市安吉县

获奖单位：安吉县山川品园山庄

竹林鸡，就是在竹林里长大的一种鸡，和一般的鸡比起来个头要小些；这种鸡在竹林里专吃竹子里的虫子以及草籽、绿色植物叶片，再加以小米、稻谷等杂粮喂养，绿色无污染，营养价值很高。鸡身为黄褐色，体形紧凑，羽毛光亮，毛孔细腻，肉质鲜美，有股清香竹味。

菜谱解析

🍲 烹调方法：煲
🍜 风　　味：湖州

原　料	主料	散养竹林鸡1只（约1200克）
	辅料	菜心100克、山菌100克
	调料	生姜50克、绍酒20克、盐5克、山泉水1500克
制作过程		1. 将竹林鸡宰杀洗净，待用 2. 取煲一只，加入洗净的鸡、山泉水、生姜、绍酒，置火上大火烧开，用小火煲1.5小时后，加入山菌、菜心，烧开后加盐调味即可
成品特点		汤鲜味美，营养丰富
制作关键		1. 采用山泉水 2. 要用小火煲汤
营养分析		该菜具有滋养补气、活络血管、消除疲劳的食用效果

竹乡四季

菜　　别：点心

品尝地点：湖州市安吉县

获奖单位：安吉山川品园山庄饭店

菜点说明

《黄帝内经·脏气法时论》中说，"毒药攻邪，五谷为养，五果为助，五畜为益，五菜为充"。意思是药物为治病攻邪之物，其性偏，五谷杂粮对保证人体的营养必不可缺，水果、肉类、蔬菜是必要的补充剂。

该菜品来源于山川品园山庄饭店，是选用竹乡安吉不同颜色的天然食材——五谷杂粮，经手工加工制作成的一道精美点心。

菜谱解析

烹调方法：蒸　　　　风　　味：湖州

原　料	主料	艾草汁50克、紫薯泥100克、黑米泥100克、南瓜泥100克
	辅料	糯米粉300克、细豆沙50克、雪菜50克、笋干50克、猪肉100克
	调料	白糖5克，味精3克
制作过程		1. 将艾青汁、紫薯泥、黑米泥、南瓜泥分别加糯米粉揉成团 2. 将雪菜、笋干、猪肉加白糖、味精炒制成的馅心，待用 3. 将细沙馅、雪菜笋干肉馅分别包入艾青汁、紫薯泥、黑米泥、南瓜泥糯米粉团，用模具压成饼，放入蒸笼 4. 锅中加满水，大火烧沸，蒸制8分钟即可
成品特点		口感软糯，色彩鲜艳
制作关键		掌握好糯米粉跟艾青汁、紫薯泥、黑米泥、南瓜泥的比例
营养分析		艾草有温经、去湿、散寒、止血、消炎、平喘、止咳的作用；南瓜性温，味甘，有解毒之功效；紫薯富含硒、铁和花青素，具有抗癌的作用；黑米具有滋阴补肾、健脾养肝、明目活血等疗效

第二节
水之灵

{茶香养生汤}

菜　别：热菜

品尝地点：湖州市吴兴区

获奖单位：湖州移沿山农庄

菜点说明

　　茶香养生汤是以湖州白茶叶为主料的茶香鸡汁鱼片汤。

　　鳜鱼以肉质细嫩丰满、肥厚鲜美、内部无胆、少刺而著称，故为鱼种之上品。明代医药学家李时珍将鳜鱼誉为"水豚"，意指其味鲜美如河豚。另有人将其比成天上的龙肉，以说明鳜鱼的风味的确不凡。鳜鱼分布于各地淡水河湖中，北方以赵北口、白洋淀产的较多，南方以湖南、湖北、江西产的较多。鳜鱼历来被认为是鱼中上品、宴中佳肴。春季的鳜鱼最为肥美，被称为"春令时鲜"。

　　白茶素为茶中珍品，历史悠久，其清雅芳名的出现，迄今已有八百八十余年了。宋徽宗（赵佶）在《大观茶论》（成书于1107~1110"大观"年间，书以年号名）中，有一节专论白茶，曰：白茶自力一种，与常茶不同，其条敷阐，其叶莹薄。林崖之间，偶然生出，虽非人力所可致。有者不过四、五家；生者，不过一、二株，所造止于二、三胯（銙）而已。芽英不多，尤难蒸焙，汤火一失，则已变而为常品。须制造精微，运度得宜，则表里昭彻，如玉之在璞，它无与伦也。浅焙亦有之，但品不及。

菜谱解析

🍲 烹调方法：煮

🥘 风　　味：湖州

原　料	主料	鳜鱼一条（600克）、鸡汤1500毫升
	辅料	白茶10克、火腿40克、小菜心50克、鲜菇50克、番茄50克
	调料	生姜3片、盐3克、猪油20克
制作过程		1. 将鳜鱼去骨，鱼肉切薄片，以盐、生粉拌腌待用 2. 将火腿切片，鲜菇、番茄切薄片，鲜菇、番茄、小菜心焯水待用 3. 白茶用85℃开水冲泡，待用 4. 起锅加猪油，加热后将鱼头及骨头略煎，加鸡汤、火腿、鲜菇烧沸至汤汁变白，将鱼片分散投入，立刻将茶液投入锅中，投入小菜心、番茄，用盐、味精调味即可装盘
成品特点		色泽自然，鱼片滑嫩，汤鲜味美
制作关键		鱼片的大小形状尽量相同，否则成熟度不一致
营养分析		白茶甘苦清润，能清心明目、提神益智、消食解腻。本菜品有清心益气、滋补养颜之功效

﹛桃花鳜鱼肥﹜

- 菜　　别：热菜
- 品尝地点：湖州市长兴县
- 获奖单位：长兴县和平镇城
　　　　　山村桃源山庄

﹝菜点说明﹞

《渔歌子·西塞山前白鹭飞》中"西塞山前白鹭飞，桃花流水鳜鱼肥。青箬笠，绿蓑衣，斜风细雨不须归"的优美场景让人为之向往。该菜品是长兴县和平镇城山村桃源山庄开发设计的一道农家乐菜品。此菜应时应景，为季节性时令佳肴。

鳜鱼肉质洁白细嫩，肥厚鲜美，内部无胆，少刺。松花江鳜、黄河鲤、松花鲈、兴凯湖鲌被誉为"中国四大淡水名鱼"。

﹝菜谱解析﹞

🍳 烹调方法：烧　　　🍲 风　　味：湖州

原　　料	主料	鳜鱼一条（1200克）
	辅料	桃胶50克、小青菜50克、枸杞5克、生姜片5克、黑木耳5克、火腿5克
	调料	高汤1000克、猪油10克、绍酒10克、盐3克
制作过程		1. 将鳜鱼宰杀，清洗干净备用、桃胶用水泡发、枸杞子用温水泡发，待用 2. 起锅加入猪油、生姜片，烧热后投入鳜鱼略煎，淋入绍酒，加高汤、桃胶、黑木耳、火腿，用大火炖至汤奶白，加小青菜，用盐调味，撒上枸杞起锅即可
成品特点		汤醇味浓，鱼肉鲜嫩，营养丰富
制作关键		一定要用猪油烧，这样汤才会更香、更白
营养分析		中医认为：桃胶性味甘苦，平，无毒，具有清热止渴、缓解压力、养颜抗衰老、润肠道等功效。桃胶在古代是一味中药，用于治疗石淋、血淋和痢疾

﹛铜官瓷三鲜﹜

菜　　别：点心

品尝地点：湖州市德清县

获奖单位：德清铜官庄休闲
　　　　　养生居

典故由来

德清下渚湖，又名防风湖，水网稠密，资源丰富，有鱼米之乡美称。这里港湾交错，芦苇成片，河水清澈，野鸭群息，基本保持着原始状态。

相传四千五百年前，治水英雄防风氏立国于此。防风氏是中国上古时期汉族神话传说中的人物，他是巨人族，有三丈三尺高。他是远古防风国（今浙江省德清县）的创始人，又称汪芒氏，传说是今天汪姓的始祖。他不仅是亦神亦人的顶天立地的治水英雄，安邦立国、护佑生民、福泽吴越的祖先神，还是忠于职守、疾恶如仇、帮助大禹扫除奸佞的大忠臣，是帮助大禹制定法律的元勋。为了纪念这位治水英雄，德清厨师开发了这道菜。此菜采用德清特产清溪花鳖、下渚湖河蟹、洛舍鱼丸组合而成，具有浓厚的水乡特色。

菜谱解析

- 烹调方法：炖
- 风　　味：湖州

原　料	主料	清溪花鳖500克、河蟹100克
	辅料	鱼蓉100克、青菜50克、鲜人参100克
	调料	绍酒30克、生姜20克、高汤1000克、盐5克
制作过程		1. 将清溪花鳖宰杀斩成块，焯水洗净，河蟹宰杀切块待用 2. 将鱼蓉制成鱼丸入锅中煮熟，待用 3. 炒锅滑油留底油放入花鳖、河蟹略炒，加绍酒、鲜人参、生姜、高汤，用中火炖20分钟，至汤浓后加入鱼丸、青菜，略滚，加盐调味出锅装盘即可
成品特点		汤鲜味美，色泽诱人
制作关键		1. 控制好盐的用量 2. 油不要放太多，要保持清淡
营养分析		甲鱼具有补血气、健脾胃之功效；河蟹有散瘀、续筋接骨和解漆毒之功效

乡村鱼头皇

菜　　　别：点心
品尝地点：湖州南浔
获奖单位：湖州荻港徐缘生态旅游开发有限公司

菜点说明

南浔是千年渔乡，自古就有吃鱼头的习俗，当地民间流传有"春吃鱼头，夏吃尾——鲜"，"小孩读书花莲头——聪明"，"除夕夜宴辣鱼头——暖心"。

菜谱解析

烹调方法：烧　　　风　　　味：湖州

原　料	主料	花鲢鱼一条（约2000克）
	辅料	香菜10克、鸡蛋2个（约100克）、生姜10克
	调料	绍酒10克、盐5克、味精2克、胡椒粉10克
制作过程		1. 将花鲢鱼斩杀洗净，去头，待用 2. 将鱼肉打成鱼蓉，做鱼圆；鸡蛋摊鸡蛋皮并切丝（也可做成蛋饺）；香菜切末，待用 3. 锅中下油烧热，将鱼头煎黄，放绍酒、生姜，加水，汤汁用大火烧成奶白色 4. 放入蛋丝（蛋饺）、鱼圆，再煲3分钟，加盐、味精、胡椒粉，放入香菜，即可出锅
成品特点		口味鲜醇，营养丰富
制作关键		1. 采用大火烧制菜肴 2. 鱼头不能烧烂，要保持完整形状
营养分析		花鲢鱼具有健脾补气、温中暖胃、健脑益智、软化血管之功效

第三节
海之韵

{白果虾卷}

:::菜　　别：热菜
:::品尝地点：湖州市长兴县
:::获奖单位：长兴移沿山农庄

菜点说明

　　白果又称银杏，是长兴特产之一。长兴白果，质地细腻，营养丰富，早在宋代就被列为贡品。品种主要有梅核和佛手两种。它与乌梅、板栗被称为"浙西干果三珍"，被誉为"长兴三宝"。白果主要分为药用白果和食用白果两种，药用白果略带涩味，食用白果口感清爽。

　　该菜品是长兴移沿山农庄为2018年浙江省农家乐比赛专门设计的菜品。

菜谱解析

🍴 烹调方法：炸

🥘 风　　味：湖州

原　料	主料	去壳熟白果150克、虾仁100克
	辅料	鸡蛋1个（约40克）、生粉80克、面粉100克、猪网油50克、紫苏50克、泡打粉3克
	调料	葱姜水15克、米酒20克、胡椒粉5克、盐3克
制作过程		1. 制馅：将虾仁、白果切小丁后加葱姜水、米酒、胡椒粉、盐、生粉、蛋清，搅拌均匀当馅料 2. 调粉糊：生粉∶面粉（4∶6）调制，加泡打粉、蛋黄，加水稀释后搅拌均匀 3. 把馅料包在猪网油中间，外包上紫苏，并在外面包裹粉糊投入6成热油锅中炸至酥脆即可装盘
成品特点		健康养生，酥脆鲜香，美味可口
制作关键		1. 将粉调制的比例掌握好（建议稀一点，炸出来较酥脆） 2. 炸制时掌握好油温，以免炸焦
营养分析		白果具有很高的药用价值，明代李时珍曾曰："入肺经、益脾气、定喘咳、缩小便。"清代张璐的《本经逢源》中载银杏果有降痰、清毒、杀虫之功能

第五篇

乡味嘉兴

XIANGWEI
ZHEJIANG

第一章
寻觅"乡味嘉兴"

 **起源与发展**

嘉兴，浙江省辖地级市，位于浙江省东北部、长江三角洲杭嘉湖平原腹地，是长三角城市群、上海大都市圈的重要城市，杭州都市圈副中心城市。嘉兴处江河湖海交汇之位，扼太湖南走廊之咽喉，与上海、杭州、苏州、宁波等城市相距均不到百公里，作为沪杭、苏杭交通干线中枢，交通便利。

嘉兴建制始于秦，有两千多年人文历史，是一座具有典型江南水乡风情的历史文化名城。嘉兴自古为繁华富庶之地，素有"鱼米之乡"的美誉，是国家历史文化名城、中国文明城市、中国优秀旅游城市和国家园林城市。嘉兴不仅以秀丽的风光享有盛名，而且还是中国共产党诞生地，成为我国近代史上重要的革命纪念地。

嘉兴农家菜历史悠久，受农耕文化影响较大，可独成一帮，当地大厨将其称为"禾帮菜"。

自汉唐以来，嘉兴制作粽子的原料如白壳、乌箕、鸡脚、虾须、蟹爪、香糯、陈糯、芦花糯、羊脂糯等无一不有，而蛋禽和肉类亦是不缺。这些丰富优质的农副产品原料，为发展各类花色粽创造了十分有利的条件。于是粽子兴起，形成了独有的特色，并以五芳斋粽子为代表。

嘉兴粽子

八珍糕是一种夏令防病食品，以糕内有八味中药成分而得名，产自嘉善县西塘镇。西塘钟介福药店是百年老店，所产八珍糕是创始人钟稻苏在1885年参考明代陈实功所著《外科正宗》内八仙糕处方，结合临床经验，应用本地优质糯米和八味中药研制而成。八珍糕口感香甜松脆，蕴药理于食疗之中，食之无药味，既是药物，又是糕点佳品，成为嘉善特色药膳名点，深受当地百姓喜爱。目前，西塘八珍糕制作技艺被列入第三批浙江省非物质文化遗产名录。

乌镇则成了嘉兴农家菜对外交流的窗口。

嘉兴农家菜丰富多样，品类繁多，于细节处见功夫，既融合江南水乡的特色，浸透吴越之灵气，尽显南方美食细腻之特色，又凸显千年古文化之底蕴。嘉兴农家乐美食是江南美食的典型代表。

乌镇

嘉兴农家菜4道

〖第二节〗 分布及特色

嘉兴农家菜主要分布在嘉善、平湖、海宁、海盐、桐乡的众多农家乐之中，与当地的人文景观颇有渊源。在嘉善的十里水乡、平湖的澳多奇农庄、金龙门生态休闲园，都能找到别具特色的乡味。

嘉兴的乡味主要分布如下：

❶ 桐乡市石门镇同星村（桂花村）
——垂钓、杭白菊、打年糕

省级农家乐特色村。

地处江南水乡，四周水网交错，环境幽雅古趣，民风淳朴，至今仍保留了原始的江南古村落风貌。京杭大运河环村而过，北邻中国十大历史名镇之一的乌镇，水陆交通便捷，地理优势明显。同星村有20年树龄以上桂树80多棵，栽桂历史和规模闻名江南，在全国也属罕见。每年秋天桂花盛开季节，香飘数里，沁人心脾。桂花村已经成为了一个集观光休闲、会务、餐饮、垂钓、烧烤于一体的生态型度假区，游客人数逐年增加。各种规模、各具特色的农家乐餐馆兴起，桂花年糕、桂花酒、小羊羔、土鸡、土鸭等产品早已名声在外。

推荐农家乐：桂缘草堂。特产有桂花年糕、红烧羊肉、虫子鸡、富贵鸭。休闲项目有垂钓，观赏桂花、杭白菊，打年糕。

❷ 嘉善县大云镇缪家村（原高一村）
——碧云有机葡萄、拳王青鱼干、华神鳖

浙江省农家乐特色村，浙江省旅游特色村。

具有"全国环境优美乡镇"之称的嘉善县大云镇，东邻上海，西望杭州，北靠苏州，南眺宁波，地理位置优越，交通便利。

该村农家乐休闲旅游度假区已初步形成，区域内已经形成了以碧云花园、拳王休闲农庄、十里水乡、华明园艺园、森林亚洲、云庐温泉休闲园、美华特种水产养

桐乡市石门镇同星村（桂花村）

嘉善县大云镇缪家村（原高一村）

殖场等一批富有浓郁地方特色的农家乐休闲旅游项目。目前全村各种不同类型的农家乐休闲旅游点已发展到8个，其中省级农家乐特色点分别为碧云花园、拳王休闲农庄。

农家特产有碧云有机葡萄、拳王青鱼干、华神鳖、"玉露"水蜜桃、云庐生态草鸡。

❸ 平湖市独山港镇独山海鲜村（原平湖市黄姑镇海塘村）
——自制新鲜海产

浙江省农家乐特色村。

独山海鲜村位于独山港镇新兴小集镇，南靠独山、濒杭州湾，老沪杭公路东西向贯穿而过，交通便利，地理位置得天独厚，餐饮店主要分布在路两侧，交通便利。全村有120多户从事海产品捕捞、销售和海鲜餐饮等行业，且17家餐饮店已申报成为星级经营户。

推荐农家乐有：新雅饭店、金都渔村饭店、兴兴酒家、滨海酒家、海滨餐厅、海天渔港海鲜店。农家特产为自制新鲜海产。

平湖市独山港镇独山海鲜村

❹ 海宁市尖山新区（黄湾镇）尖山村
——采摘水果、垂钓、种植蔬菜

浙江省农家乐特色村。

尖山村地处黄湾镇南，南邻钱塘江，全村果树种植面积3900亩，其中特色果品种植面积达1300多亩，生态农业不断发展。村里有种植杨梅、枇杷、柑橘、水蜜桃等水果的传统。现在已经建成了杨梅、枇杷、柑橘、水蜜桃采摘园和配套的休闲凉亭（藏圆亭）、垂钓区、农家饭店、休闲茶室等农家乐休闲项目。据统计，大尖山农家乐水果采摘特色村，年游客量已达36000人次以上。

农家特产有杨梅、枇杷、柑橘、水蜜桃、杏子等。农家乐项目有采摘水果、垂钓、种植蔬菜、休闲观光、农家乐餐饮等。

海宁市尖山新区（黄湾镇）尖山村

⑤ 秀洲区王店镇建林村——采摘水果、竹林挖笋、小溪捕鱼

省级农家乐特色村（点）。

建林村地处王店镇西南2公里，东临嘉海公路、长水塘，南接莲花桥港。湾内农户依水而居，路宽桥新，生态环境优美，农民生活宽裕。独特的自然环境，以田园风光、小桥流水、江南民居、特色庭院等为特色，体现了江南特有景观，并以乡味美食吸引着八方来客。

该村以"吃农家饭、住农家屋、游农家景、享农家乐"为特点，以优美的环境和完善的设施为依托，让游客既品尝到简朴实惠味美的农家菜肴，又能休憩于风光旖旎的田园之间、农家之中。在不同的季节，游客可参加采摘水果、竹林挖笋、小溪捕鱼、农地种菜、岸边垂钓等一系列农家活动，也可观看三句半、腰鼓舞、扇子舞等具有浓郁地方特色的民族民俗文化表演活动。推荐农家乐：雅居阁、田园农家、聚宝湾。

农家特产有竹笋、土鸡、土鸡蛋。农家乐项目有采摘水果、竹林挖笋、小溪捕鱼、农地种菜、岸边垂钓。

秀洲区王店镇建林村

精选嘉兴菜品制作视频（微信扫码播放）：

炒粉干

葱油拌面

嘉兴粽子

酒酿丸子

萝卜丝酥饼

蜜汁莲藕

鲜肉粽子

榨菜鲜肉月饼

竹叶仔排

第五篇·乡味嘉兴

第一节
山之珍

〖稻草鸭〗

菜　　别：热菜
品尝地点：嘉兴市
获奖单位：千渔塘休闲农庄

菜点说明

　　远在春秋战国时期，便有"筑地养鸭"的记载。《吴地记》记载："吴王筑城，城以养鸭，周数百里。"到宋代，江浙一带盛行用鸭配菜，并有"无鸭不成席"之说。后来有些农家发现，用稻草捆扎比用其他绳扎烹制母鸭时更香，并且稻草取材简单、费用低、绿色环保，还有降火功效，因此才有了稻草鸭，并且传至今日。

菜谱解析

🍳 烹调方法：炸、烤

🔥 风　　味：嘉兴

原　料	主料	老母鸭1只（约1500克）、五花肉50克
	辅料	稻草2800克、老笋干100克、洋葱50克
	调料	椒盐20g、酱油100克、红糖30克、绍酒10克、姜15克、葱8克、色拉油1000克、甜面酱20克、海鲜酱20克
制作过程		1. 净鸭用椒盐、绍酒均匀擦遍全身，腌渍1小时；五花肉、洋葱分别切成细丝；笋干用50℃温水浸泡1小时后切成细丝，均备用 2. 将不锈钢桶放在点火的炉子上，把腌好的鸭子挂在桶内壁上（离桶底约30厘米），在桶内腔的底部放上2000克稻草，上面倒入1000克水，盖上盖子，用烟熏20分钟 3. 取出熏鸭，上笼大火蒸1.5小时，然后放入烧至五成热的色拉油中小火炸8分钟，捞出 4. 锅内放入10克色拉油，烧至七成热，加入甜面酱、海鲜酱煸炒出香味，再放入五花肉丝、洋葱丝、笋干丝煸炒10分钟，加入味精调味后出锅 5. 将炒好的肉丝、笋丝、洋葱丝放入鸭子的腹部，用玻璃纸包裹，外面再用500克稻草包裹，然后用绳子将稻草两头扎紧，放入温度200℃的电烤箱内烤20分钟，取出后去除包裹的稻草，然后再用剩余的稻草将鸭子全身包裹，同样用绳子将稻草两头扎紧，放入烤箱中用同样的温度烤3分钟（起保温作用），取出后去除稻草上桌
成品特点		鸭肉软烂，营养丰富，香味独特，颇有新意
制作关键		1. 选用三年老母鸭、老笋干为宜 2. 关键要掌握好火候，火不能太旺 3. 应根据鸭子的大小灵活地调整油量和时间
营养分析		鸭肉是人们进补的优良食品。在中医看来，鸭子吃的食物多为水生物，故其肉性味甘、寒，有滋补、养胃、补肾、消水肿、止热痢、止咳化痰等功效

姜香走油肉

菜　　别：热菜
品尝地点：嘉兴市
获奖单位：嘉兴市清园生态农庄有限公司

典故由来

　　清康熙七年，四川巴县人简上到江阴任江苏学政衙署学政。简上嗜肉成性，每餐必食肉。他在衙署宴请地方学士时，家厨准备做一盆蒜香白切肉待客。手忙脚乱之际，竟将一块做白切肉的熟肉块掉进了热油锅。待肉捞起时，已炸成了金黄色，肉皮上浮起了一层小泡。家厨急了起来。白切肉做不成了，若买鲜肉再重做，为时已晚。迫于无奈，他只得将金黄色的肉块切成片置入碗中，如同烧红烧肉一样，放上些酱油、黄酒、盐、糖，再将其置入蒸笼中蒸热。然后，恐慌地等待客厅通知上菜。

　　上完菜，过了好久，客厅中传话过来，要家厨前去问话。家厨无可奈何，只得战战兢兢地走了过去。简上问家厨今天做的是什么肉？以前怎么没见过？家厨忐忑不安地将肉的制作过程一五一十地道出。简上听后，哈哈大笑起来。他边笑边说，今天，你歪打正着做出了一道好菜，妙哉！妙哉！从此，江阴人便将用这种方法烹制的肉称为"走油肉"。从此，走油肉在江浙一带深受食客的喜爱。

菜谱解析

⬭ 烹调方法：烧

🥢 风　　味：嘉兴

原　料	主料	土猪肉500克
	辅料	生姜丝100克、葱结50克
	调料	绍酒30克、香料20克、酱油35克、白糖50克、八角10克、桂皮10克、肉汤100克
制作过程		1. 将猪肉刮洗净，入锅加水煮到八成熟出锅，擦干表面水分后抹上醋及酱油15克，用八成热（约225℃）旺油锅，把肉炸约1分钟，至肉皮起泡有皱纹时捞出 2. 热锅中放入酱油20克和葱结、绍酒、白糖、八角、桂皮、肉汤，把肉入锅烧1分钟，取出冷却后切成12片，皮朝下扣在放有姜丝的碗中，倒入原汤，上蒸笼用旺火蒸至酥，出锅装盘即可
成品特点		色泽红亮，卤汁稠浓，肥而不腻，入口即化
制作关键		1. 肉不能太酥，不然不利于成型 2. 肉放入锅中炸时，一定要将盖子盖上，不然油易溅起来，盖上3～4秒后即可 3. 掌握好火候，火不能太旺
营养分析		猪瘦肉含蛋白质较高，经煮炖后，猪肉的脂肪含量还会降低。猪肉还能提供人体必需的脂肪酸。猪肉性味甘咸，滋阴润燥

〖水晶蜜桃粽〗

菜　　别：点心
品尝地点：嘉兴市
获奖单位：嘉兴市梅洲酒店

〖菜点说明〗

　　水蜜桃为凤桥当地优质水果，栽种历史悠久，果实鲜甜、果香浓郁。水晶蜜桃粽的馅料就是选用优质的水蜜桃果实熬制而成。嘉兴粽子是浙江嘉兴特色传统名点，因其滋味鲜美，携带、食用方便而备受广大旅游者的厚爱。水晶蜜桃粽，选料精细，外形美观，营养美味，更是深受广大食客的追捧。

〖菜谱解析〗

烹调方法：煮　　　风　　味：嘉兴

原　料	主料	水蜜桃300克、西米500克
	辅料	粽叶300克
	调料	无
制作过程		1. 水蜜桃去皮、去核，熬成桃浆，焙干后待用 2. 西米浸水后放入粽叶中，当中放入桃浆，制成粽子 3. 最后用清水慢火煮透即可
成品特点		晶莹剔透，呈半透明状，带有水果香甜
制作关键		粽子包的时候一定要扎紧，以免烧制时散开
营养分析		水蜜桃营养丰富，肉甜汁多，有美肤、清胃、润肺、祛痰之功效

第二节
水之灵

海宁宴球

- 菜　　别：热菜
- 品尝地点：嘉兴市
- 获奖单位：海宁市洛瓦生态度假村

典故由来

相传当年乾隆皇帝下江南视察海塘，乘的是船，走的是大运河。这一路行来，看江南风光正如白居易的词"江南好，风景旧曾谙，日出江花红胜火，春来江水绿如蓝，能不忆江南"，乾隆不觉心情愉悦，意犹未尽。船到长安时，乾隆微服私访之雅兴又上来了，便携带几位随从上了岸。一路上街坊酒肆、烟桥画柳看了个够。他们不知不觉来到了杏花村外，眼前是阡陌成行、河湖交叉、屋宇茅舍、鹦鸣鹊叫，看得乾隆忘了归途。日近中午，一行人走得已是肚中饥饿，见前面一户人家炊烟袅袅，闻得一股饭菜香味，乾隆便与随从走了进去。

却说这户农家，夫妇二人男耕女织，生活虽不富裕却也平安快乐。此时两人正在家中忙碌地做中饭，见有几位陌生人进来，忙招呼落座。乾隆的随从告诉这家主人，一行人肚中饥饿，想弄点新鲜干净的东西吃吃。主人非常热心，赶紧去厨房忙碌，但临时没有准备，哪来新鲜菜肴？他猛然想起缸里还有一条鲢鱼，可以做成鱼圆。主意打定，于是让妻子将鲢鱼去骨剁成鱼泥，配上葱、姜等佐料，捏成鱼圆。但这一个个鱼圆似乎太小了些，他便随手将发好的肉皮切碎了粘在鱼圆上。顿时小球变成了大球，样子好看了许多。随后他把圆子放到镶子里去蒸，待蒸熟之后端上，让这几位陌生人品尝。这时乾隆早已饥肠辘辘，看着这刺毛球似的东西热气腾腾透着香味，也不管三七二十一，拿起筷子夹了个一尝，竟是外脆里嫩既鲜又香，十分可口。乾隆便问主人这是什么菜？主人说，这是临时做的，没有名字，鱼圆外面的是肉皮。乾隆吃得开心，雅兴又上来了，叫随从取来文房四宝。只见乾隆挥笔题了一联"杏花村酒醉两宴，汉鱼满豚迷一球"，还兴致勃勃地告诉这家主人，今赐名它为宴球，一则寓你家日日平安，二则寓可以进得官家之宴。主人这才知道面前这位原来是乾隆皇帝，连忙磕头称谢。从此，此菜名声大振。

菜谱解析

烹调方法：蒸

风　　味：嘉兴

原　料	主料	净鱼肉500克
	辅料	发皮200克、火腿80克、肥膘肉150克、荸荠100克、韭芽30克、青菜心30克
	调料	盐10克、味精3克、绍酒20克、鸡精3克、葱20克、姜20克

制作过程	1. 将沥干净的净鱼肉置砧板上排剁成鱼茸，加入盐、味精、鸡精、绍酒、清水后沿顺时针方向搅拌上劲，待用 2. 将发皮放入清水中浸泡至回软，挤干水分，切成长6厘米的细丝，再用纱布将发皮丝包起来挤干水分，待用 3. 将葱、姜、火腿（20克）切成丝，待用；将火腿（60克）、肥膘肉、荸荠去外皮蒸熟剁成细末，放入打好的鱼茸中搅拌成宴球生坯料 4. 将切好的发皮丝、火腿丝、葱丝、姜丝放在一起揉拌均匀，将宴球坯料用手挤捏成直径5厘米的圆球放入揉拌好的发皮丝中粘滚，将生宴球放入铺好纱布的蒸笼中 5. 将蒸笼置旺火上蒸8分钟，出锅装入汤盘中。取锅置旺火上加入鲜汤，撒上韭芽，放入菜心进行调味，浇淋于宴球汤盆中即可上菜
成品特点	汤鲜味美，滑润细嫩
制作关键	1. 鱼茸一定要打上劲，并且要细滑 2. 蒸制的火力要控制好
营养分析	鱼肉富含蛋白质，且含有叶酸，维生素B$_2$、B$_{12}$等，具有滋补健胃、利水消肿、通乳、清热解毒、止咳下气的功效，对水肿、浮肿、腹胀、少尿、黄疸、乳汁不通皆有效

⁅菊花鱼圆汤⁆

📇 菜　　别：热菜
📍 品尝地点：嘉兴市
🗄 获奖单位：桐乡稻香人家休闲农庄

⁅菜点说明⁆

　　该菜来源于桐乡稻香人家休闲农庄，为参加2017年浙江省农家乐烹饪比赛的创新菜品。

　　鱼圆汤，即以鱼圆为主要材料煮制而成的汤。该菜品鱼肉与杭白菊花配伍具有创新之举。

⁅菜谱解析⁆

🍲 烹调方法：煮　　🍜 风　　味：嘉兴

原　　料	主料	鱼茸500克
	辅料	菊花菜50克、杭白菊（干）80克
	调料	盐5克、味精2克
制作过程		1. 在鱼茸中放入盐，搅打上劲，然后做成"菊花鱼圆"待用 2. 杭白菊加开水泡开，取汤汁待用 3. 锅中加清水，加入杭白菊的汤汁烧开，投入菊花菜，加入菊花鱼圆，烧开后调味即可装盘
成品特点		色泽洁白，造型美观
制作关键		1. 在制作鱼圆时要控制好放盐的量 2. 汤汁要保持清澈
营养分析		中医认为：杭白菊具有散风清热、清肝明目和解毒消炎之功效

手抓螺蛳

菜　　别：热菜
品尝地点：嘉兴市
获奖单位：嘉兴市梅洲酒店

菜点说明

　　该菜来源于嘉兴市梅州酒店，为参加2017年浙江省农家乐烹饪比赛的菜品。

　　嘉兴是江南水乡，民间历来有吃炒螺蛳、喝黄酒的饮食风俗。手抓螺蛳，改变了传统的烧法和吃法，使螺蛳变成了另一种风味小食，从大街小巷的小食摊到星级饭店的厅堂，都可以看到人们吸食螺蛳的种种吃相。

菜谱解析

▢ 烹调方法：炒

🍳 风　　味：嘉兴

原　料	主料	青螺蛳500克
	辅料	干辣椒2只（约10克）
	调料	色拉油30克、盐8克、味精10克、酱油20克
制作过程		1. 选用当地优质青螺蛳，洗净，待用 2. 将热锅中加入色拉油，将青螺蛳小火炒制，然后加入干辣椒、盐、味精、酱油调味，装入盛器中即可
成品特点		味道鲜美，独具地方特色
制作关键		要控制好火力的大小，最好用小火炒制，以免炒焦
营养分析		螺蛳肉质鲜美、富有弹性，味甘，性寒，具清热、利水、明目、解毒之功效，且营养丰富，含有人体必需的多种矿物质和丰富的蛋白质

第六篇

乡味绍兴

XIANGWEI
ZHEJIANG

第一章
寻觅"乡味绍兴"

第一节　起源与发展

绍兴，浙江省辖地级市，位于浙江省中北部、杭州湾南岸，是具有江南水乡特色的文化和生态旅游城市。东连宁波市，南临台州市和金华市，西接杭州市，北隔钱塘江与嘉兴市相望，属于亚热带季风气候，温暖湿润，四季分明。

绍兴是首批国家历史文化名城、联合国人居奖城市，已有2500多年建城史。绍兴还是中国优秀旅游城市，国家森林城市，著名的水乡、桥乡、酒乡、书法之乡、名士之乡。绍兴素称"文物之邦、鱼米之乡"。著名的文化古迹有兰亭、禹陵、鲁迅故里、沈园、柯岩、蔡元培故居、周恩来祖居、秋瑾故居、马寅初故居、王羲之故居、贺知章故居等。

绍兴农家菜博大精深，底蕴深厚，风味迷人，历来深受广大食客的青睐，是浙菜的重要组成部分。不论从平行的古文化带（西起埃及，东至中国的吴越）来看，还是根据上古时代许多神话、传说推断，绍兴农家菜都是浙菜的摇篮和发祥地之一。

魏晋之时，由于社会安定，经济繁荣，风光秀丽，会稽成为了名士聚居之地。名士饮酒，诗文和唱。"曲水流觞"的盛事就曾发生在越乡（公元353年在兰亭）。绍兴作为酒乡，人们常常以酒为调料，以酒和酒糟来糟、醉佳肴，并形成特色。"越酒行天下"，酒的盛行得益于会稽"带海傍湖，良畴数十万顷，膏腴之地，亩值一金"，成了东晋南朝的著名谷仓。晋元帝对会稽富实繁荣的景象感叹道："今之会稽，昔之关中。"

醉蟹

明清，皇帝屡下江南，越厨入皇宫，越菜进入御膳领域，八大贡品岁贡入朝（鳜鱼、干菜、香糕、越鸡、茶叶、腐乳、贡瓜、绍酒）。绍兴师爷广为幕僚，一方面向外推介了绍兴农家菜，另一方面在省亲时将外地优秀的菜肴带回来，对绍兴农家菜的发展起到了重要的作用。据传，绍兴名菜"醉蟹"即由师爷所创。清代厨膳秘籍《调鼎集》是一部内容丰富的食谱总汇，记述了不少江南风味的农家菜肴（该书出自绍兴盐商童岳荐之手），绍兴农家菜在广度和深度上得到了更大的交流和提高。

近代绍兴城内大街小巷，饭店林立，食铺遍布，生意兴隆，如清同治年间的兰香馆、泰生生酒店、清光绪年间的沈桂记、丁大兴、一一新等。绍兴农家菜从民间食铺饭摊汇集到了市井，形成了一定规模，成了比较稳定的流派。民国5年（1916年）冲斋居士的《越乡中馈录》是绍兴地方菜肴的集大成者，其中记述了越地饮食的种种习惯、嗜好、忌讳和传统技法，具有浓郁的乡土风味、家常情调。

现今，随着国民经济的快速发展，绍兴农家菜进入前所未有的繁荣时期。农家餐饮业蓬勃发展，农家乐如雨后春笋涌现，形成了众多的名菜名点，绍兴传统农家菜也得到了有效的传承和升华。

绍兴农家菜5道

{第二节} 分布及特色

绍兴农家菜主要分布在：越城、上虞、诸暨、新昌、嵊州。比较有名的是嵊州市剡溪渔业园、新昌来益生态农业园区、新昌县七盘仙谷农业观光园、中国名茶城等。

绍兴的乡味主要分布如下：

绍兴农家乐

❶ 绍兴县湖塘街道香林村
——住农家、品乡味

省级农家乐特色村、市级绿色示范村、市级生态村、市级环境整治示范村。

香林村位于柯桥区湖塘街道东南部，由西路、林牧场两个自然村合并而成，交通便捷，环境优美，是浙江省著名佛教圣地。

该村农家乐项目主要是住农家、品乡味。

绍兴县湖塘街道香林村

❷ 嵊州市甘霖镇施家岙村
——茶叶、水蜜桃

省级农家乐特色村、省级文化示范村。

施家岙村坐落在风景秀丽的澄潭江下游，靠山面水，由原施家岙、石宕、下岙、楼盛、黄泥岗5个村合并组成，是一个传承了近千年历史的古村落。

该村主要有茶叶、水蜜桃、旅游等特色农业产业。农家乐项目主要是住农家、品茶、吃农家菜。

嵊州市甘霖镇施家岙村

上虞市丰惠镇祝家庄村

③ 上虞市丰惠镇祝家庄村
——土鸡、野生溪鱼、高山蔬菜

祝家庄村是经典爱情故事"梁祝"传说中祝英台的故乡，位于上虞市东南部，距市区9公里，全村地域面积7.9平方公里。

传统特色的农家乐提供自酿的米酒、农家的土猪肉等。农家特产有土鸡、土鸭、土猪肉、土法榨制的菜籽油、野生溪鱼、高山蔬菜等。菜肴烹调手法也大部分采用农家做法，保持菜肴的原汁原味，如农家炖土鸡、烧猪蹄等。

农家乐特色点有嵊州市剡溪渔业园和新昌来益生态农业园区。嵊州市剡溪渔业园位于我国的越剧发源地，可聆听原汁原味的嵊州越剧，参与性项目有投饲孔雀、捉鱼、垂钓等，观赏项目有斗鸡、斗狗、斗牛等表演。新昌来益生态农业园区有俄罗斯鲟、西伯利亚鲟、史氏鲟等珍贵鲟鱼，是全国第1个通过欧盟G1lobaIGAP认证的水果生产基地，游客既可享受捕鱼乐趣，又可体验采摘水果。

④ 上虞葡萄园
——江南吐鲁番、虞山舜水景

上虞葡萄园

上虞盖北、龙浦等地是浙江最大的葡萄种植基地，有"江南吐鲁番"之称。每当葡萄成熟季节，万亩葡萄园硕果累累，情景喜人，边观光，边采摘，边品尝，给人们以独特的体验和感受。

农家乐项目有采摘水果、吃农家菜。

精选绍兴菜品制作视频（微信扫码播放）：

白切鸡

白鲞扣鸡

脆　鳝

单　腐

干菜焖肉

卤香干

清汤越鸡

绍式小扣

糟　鹅

醉　虾

第一节
山之珍

布袋豆腐

菜　　别：热菜

品尝地点：绍兴市上虞区

获奖单位：绍兴上虞滨海农庄

菜点说明

　　油豆腐是将豆腐以油炸的方式加工而成的豆制品，应用非常广。油豆腐色泽金黄，有香气，色泽橙黄鲜亮。

　　该菜来源于绍兴上虞滨海农庄，是参加2017年浙江省农家乐烹饪比赛的获奖菜品。

菜谱解析

🍚 烹调方法：烧

🍲 风　　味：绍兴

原　料	主料	油豆腐200克
	辅料	茭白100克、肉末200克、香干50克、芹菜50克、冬菇10克、清水笋10克、银杏10克、火腿10克、虾仁10克、熟肉10克、鸡脯10克
	调料	酱油30克、盐2克、味精4克、湿淀粉30克、绍酒10克、虾籽15克、白糖25克、葱80克、姜5克、高汤150克、色拉油70克（实耗）
制作过程		1. 将油豆腐进行刀工处理；葱（10克）切成葱花；姜切成末 2. 将水发冬菇、清水笋、银杏、火腿、虾仁、熟肉、鸡脯切成小丁；葱条用沸水略烫至软，放入冷水中备用 3. 炒锅上火，放入50克色拉油，烧热放入葱花、姜末炒香，再放入肉末和切好的丁，加入绍酒、酱油（15克）、白糖（15克）、味精（1克），煸炒成熟装入盘中备用。炒锅上火，放入色拉油1000克，油温升至八成热时，逐个放入豆腐段，炸至豆腐外部起硬壳呈金黄色时倒出沥油，再用小汤匙挖出豆腐软嫩部分。将制好的馅酿入豆腐中，再用烫好的葱条将豆腐口扎好，制成布袋豆腐的布袋坯形 4. 炒锅上火，放入高汤，投入布袋豆腐生坯，加酱油（15克）、虾籽、味精（3克）、白糖（10克），烧至入味，淋入湿淀粉，晃锅，最后淋入明油（5克）起锅即成
成品特点		色泽红亮，味道鲜美，富有弹性
制作关键		油豆腐不能有破损，要防止成品露馅
营养分析		油豆腐富含优质蛋白、多种氨基酸、不饱和脂肪酸及磷脂等，铁、钙的含量也很高

﹛传统糟三拼﹜

菜　　别：冷菜

品尝地点：绍兴市柯桥区

获奖单位：宇成农业镜湖花园

菜点说明

　　传统糟三拼的制作工艺来源于流传千年的绍兴传统名菜"糟鸡"，以猪舌、牛肉、五花肉为主料，以"酒糟"为辅料制作而成。"酒糟"是用大米制作绍酒的副产品，因其气香、醇和、味厚，厨师常常用糟调味。

　　传统糟三拼是浙江省的一道特色传统菜，具有糟香扑鼻、肉质鲜嫩、糟不粘肉、肉含糟香的特点。

菜谱解析

烹调方法：糟（醉）

风　　味：绍兴

原　　料	主料	猪舌200克、牛肉200克、五花肉200克
	辅料	绍兴酒糟500克
	调料	盐5克、味精3克
制作过程		1. 将猪舌、牛肉、五花肉分别用绍兴酒糟制成糟猪舌、糟牛肉、糟五花肉后备用 2. 将猪舌、牛肉、五花肉分别切成片，装盘成形即可
成品特点		滋味鲜美，糟香扑鼻
制作关键		控制好猪舌、牛肉、五花肉的煮制时间，防止出现肉质酥烂的情况
营养分析		传统糟三拼营养丰富，易被人体消化吸收。该菜别具风味，有暖胃的作用，是冬令佳品

⚘ 农家炖土鸭 ⚘

🍲 菜　　别：热菜

📍 品尝地点：绍兴市柯桥区

🏯 获奖单位：宇成农业镜湖花园

典故由来

据传，清朝乾隆皇帝巡游江南，有一天行至绍兴偏门外时正好是中午，乾隆腹感饥饿，便步入一村民家中求便饭。乡妇见是远方来客，即宰鸭一只，装入大碗，端放在饭架上与饭同煮。待水沸饭熟，鸭也炖熟。乾隆用酱油蘸鸭，咬骨吸髓，喝尽汤汁，吃得津津有味，赞不绝口。回京后，还念念不忘农家炖土鸭。

后来，厨师们对农家炖土鸭的工艺进行了改良，主要借鉴了绍兴传统名菜"素蛏子"和"黄花菜炖鸭"的制作方法。农家炖土鸭因此成为绍兴的风味名菜，不但闻起来酒香扑鼻，吃起来更是鲜嫩多汁，食用后令人回味无穷。

菜谱解析

🍱 烹调方法：炖

🍲 风　　味：绍兴

原　　料	主料	绍兴麻鸭1200克
	辅料	火瞳100克、黄花菜50克、千张50克、金针菇50克、小菜心50克
	调料	盐3克、味精2克、绍酒20克
制作过程		1. 将鸭、火瞳、黄花菜（25克）、绍酒、盐等炖成半成品 2. 将千张、黄花菜（25克）、金针菇等制成素蛏子备用 3. 将炖好的鸭中加入素蛏子焖制15分钟，然后加入小菜心、味精即可
成品特点		入口香酥软糯，形整不烂
制作关键		掌握好火候，火不能过旺
营养分析		鸭肉有清热补虚，养胃生津的功效。中医认为：鸭肉具有和血、行气、行神、驱寒、壮筋骨之功效

筒骨炖香干

菜　　别：热菜

品尝地点：绍兴市新昌县

获奖单位：新昌县达利蚕桑生态农庄

菜点说明

　　筒骨炖香干源自古镇回山镇。受余姚河姆渡古文化的影响，回山镇自南宋年间建立，历史悠久，传承至今。以回山香干为主料制作的筒骨炖香干色泽诱人、口味鲜美、营养丰富，是浙江省农家乐烹饪技能大赛的获奖菜品。

菜谱解析

烹调方法：炖

风　　味：绍兴

原　料	主料	回山香干500克
	辅料	筒骨500克、鱼头300克
	调料	蒜10克、生姜10克、绍酒20克、白糖20克、盐3克、酱油20克、葱10克、味精2克、菜油8克
制作过程		1. 用刀在回山香干表面剞花刀，再捆上葱条，待用 2. 将筒骨洗净，加入适量水、配料，炖煮，原汤待用 3. 在热锅中加入菜油，油热后放入鱼头煎上色，加入蒜、生姜、绍酒、白糖、盐、酱油等调料。再加入适量的筒骨原汤炖10分钟，然后放入香干，慢火炖1小时后出锅装盘即可
成品特点		色泽诱人，口味鲜美
制作关键		掌握好火候以及炖制的时间
营养分析		香干不仅含有丰富的完全蛋白质，而且还含有多种矿物质，可以补充钙质，能够促进骨骼发育，防止因缺钙引起的骨质疏松

〖西施豆腐〗

菜　　别：热菜

品尝地点：诸暨市

获奖单位：诸暨市陶朱街道青龙草堂休闲农庄

典故由来

相传，乾隆皇帝游江南时，与宠臣刘墉一起微服私访来到诸暨（西施的故乡）。两人信步来到苎萝山脚小村，只见农舍已炊烟袅袅，方觉肚中饥饿。乾隆在一农家用餐，享用豆腐制作的菜肴后，不禁击桌连声称赞。乾隆闻其菜名后脱口而赞"好一个西施豆腐"。"西施豆腐"因此出名。

后来，西施豆腐成为诸暨的汉族风味名菜。该菜以豆腐为主要原料，因豆腐雪白细嫩，配料巧妙，清汤烩制后汤宽汁厚，滑润鲜嫩，色泽艳丽，故在诸暨一带比较流行。无论是起屋造宅、逢年过节，还是婚嫁、寿诞、喜庆、丧宴，西施豆腐通常都是席上的头道菜肴。它也是老百姓经常做的家常菜。

菜谱解析

🍱 烹调方法：烧

🍲 风　　味：绍兴

原　料	主料	白玉豆腐250克
	辅料	肉末100克、金针菇50克、鸡肫50克
	调料	绍酒20克、酱油10克、青大蒜10克、盐2克、味精2克、湿淀粉10克、色拉油5克、猪油5克
制作过程		1. 将白玉豆腐切成小方丁备用 2. 锅点火放少许色拉油，油热后倒入肉末、金针菇、鸡肫。炒熟后加入绍酒、酱油翻炒 3. 加入高汤烧开后放入豆腐，调味烧至沸腾后加入青大蒜，用湿淀粉勾芡后放少许猪油至呈现糊状，调味后即可出锅装盘
成品特点		香而不腻，鲜而暖身
制作关键		掌握好芡汁的浓稠度
营养分析		豆腐不含胆固醇，是高血压、高血脂、高胆固醇症及动脉硬化、冠心病患者的药膳佳肴。豆腐还含有丰富的植物雌激素，对防治骨质疏松症有良好的作用

{新昌炒年糕}

菜　　别：点心

品尝地点：绍兴市新昌县

获奖单位：新昌县达利丝绸生态农庄

菜点说明

　　清朝袁枚的《新昌道中》一诗写道："朝出新昌邑，青山便不群。春浓千树合，烟淡一村分。溪水好拦路，板桥时渡云。仆夫呼不应，碓响乱纷纷。"这首诗生动地描述了清代美食家随园老人袁枚道经新昌城外时，老树婆娑、烟岚飘忽、青山秀水环绕下的村庄，水碓声和着流水声，家家户户碾米制作年糕热闹繁忙的场景。

　　该菜来源于新昌县达利丝绸生态农庄，是2017年浙江省农家乐烹饪比赛的获奖菜品。

菜谱解析

🍲 烹调方法：炒
🥄 风　　味：绍兴

原　料	主料	新昌年糕300克
	辅料	青菜（或者青菜蕻）50克、五花肉50克、糟肉50克、鸡蛋40克
	调料	盐3克、绍酒10克、食用油20克、酱油10克、鸡精2克
制作过程		1. 将新昌年糕均匀切丝；青菜切段（大的破开）；五花肉切粗丝；糟肉切丝；鸡蛋摊饼切丝 2. 热锅加入食用油，放入五花肉丝炒至微黄，放入年糕丝，加少许盐炒至微黄，再加绍酒、盐，放少许酱油 3. 放入青菜翻炒，加开水烧开至汤水浓稠，放入糟肉、蛋丝，翻拌均匀即可出锅装盘
成品特点		米香醇厚，与猪肉、萝卜、花生搭配食用，相得益彰
制作关键		在炒制年糕时控制好火候，不要炒焦
营养分析		该菜富含蛋白质、脂肪、碳水化合物和矿物质等。年糕的含热量较高，是米饭的数倍，因而不宜多吃

❦一片脆桑叶❧

菜　　别：热菜

品尝地点：绍兴市新昌县

获奖单位：新昌县达利丝绸生态农庄

典故由来

自古以来桑叶就是很好的食材，可做主菜、配菜和茶饮。

该菜来源于绍兴新昌县达利丝绸生态农庄，是2017年浙江省农家乐烹饪比赛的获奖菜品。

菜谱解析

烹调方法：炸

风　　味：绍兴

原　　料	主料	新鲜桑叶300克
	辅料	面粉150克、生粉150克
	调料	无糖泡打粉10克、椒盐10克、色拉油2000克（实耗50克）
制作过程		1. 新鲜嫩桑叶用盐水浸泡15分钟左右，沥干水分待用 2. 取适量面粉、生粉（比例为1∶1），加无糖泡打粉调成糊，将桑叶和上面糊待用 3. 待油加热至6成热时，将桑叶下锅，炸至香脆，起锅后撒上适量椒盐（可以按个人口味调制），即可享用
成品特点		成品美观，口感香脆
制作关键		关键是控制好油温和炸制时间
营养分析		桑叶含有丰富的氨基酸、纤维素、维生素、矿物质及黄酮等多种生理活性物质。中国汉代的《神农本草经》中桑叶被称为"神仙草"，可以疏散风热，清肺润燥，清肝明目

第二节
水之灵

﹛白鲞扣本鹅﹜

菜　　别：热菜

品尝地点：绍兴市柯桥区

获奖单位：柯桥区宇成农业镜湖花园

菜点说明

　　白鲞扣本鹅是绍兴的传统佳肴，鲜美而咸香，肉质软滑，风味独特。该菜来源于绍兴民间的名菜——白鲞扣鸡，主要通过对白鲞扣鸡工艺的传承及主料的变化而成。

　　白鲞是用大黄鱼加工制成的干制品，味鲜美、肉结实，为名贵海产品。白鲞与本鹅搭配，同蒸成菜，其味更胜一筹，咸鲜互补，两味渗合，鹅有鲞香，鲞有鹅鲜，香醇清口，富有回味，咸鲜入味，是绍兴"咸鲜合一"风味的典型代表。

菜谱解析

🍲 烹调方法：蒸

🍜 风　　味：绍兴

原　　料	主料	白鲞200克、鹅200克
	辅料	芋艿150克
	调料	色拉油20克、绍酒10克、花椒5克、葱姜共10克
制作过程		1. 将加工好的鲞与煮熟的鹅分别切成块状，待用 2. 取一只碗，在碗底加入葱姜、绍酒、花椒，放入加工好的芋艿打底，然后将鹅块整齐地摆放在芋艿上，上面垫一层鲞，鲞上面再垫一层鹅肉，然后上蒸笼蒸制30分钟 3. 出笼后扣在汤盘中，拣去葱姜、花椒，淋上加热的色拉油即成
成品特点		香醇清口，富有回味，肉质软滑，风味独特
制作关键		1. 白鲞和鹅肉在切配时需大小一致，摆放时需整齐 2. 关键是掌握好火候，火力不能太大
营养分析		鹅肉蛋白质的含量很高，富含人体必需的多种氨基酸、维生素以及微量元素，并且脂肪含量很低。白鲞具有滋补功效。中医认为白鲞味甘、性平，可开胃、消食、健脾、补虚

{河翁醉河蟹}

菜　　别：冷菜

品尝地点：绍兴市

获奖单位：央茶湖避塘农庄有限公司

典故由来

据史料记载，兴化中堡庄的童氏家族中原本从事花木栽培、管理和擅长裱画技艺的童氏第二代族人，发现中堡庄前湖及周围河流不但水面辽阔，而且水质清纯，每年重阳节后都出产大宗肥美的青壳大蟹。但由于鲜活螃蟹销路不广，积压较多，渔民蒙受较大损失。于是童氏在操办本行当的同时，走南闯北，做起了买卖鲜活螃蟹的生意。在经营活蟹的过程中，他为了使卖剩的螃蟹延长保质期，减少损失，参照制作醉螺、醉虾的方法，用自制糯米浆酒及其他配料制作醉螃蟹，意外地形成了新的产品，很受市场欢迎。

菜谱解析

风　　味：绍兴

原　料	主料	河蟹500克
	辅料	小葱10克、老姜10克
	调料	精盐8克、桂皮5克、八角5克、花椒5克、白糖20克、味精2克、高度白酒50克
制作过程		1. 将河蟹先放进清水里养上三五天，待蟹体内污物全部排净，用刷子仔细刷干净，然后捞出沥干水分 2. 将小葱、老姜、精盐、桂皮、八角和花椒等调辅料入锅中，加水旺火烧透，制成"醉液"。待到香气四溢后将辅料捞出。醉液用纱布过滤，冷却后倒入坛中 3. 将适量白糖、味精加入高度白酒中调和制作"醉露" 4. 将"醉露"注入"醉液"中搅拌均匀，然后在沥干的河蟹脐内放进一些精盐，略腌一下，再将蟹放入坛中，以全部浸没为宜 5. 再密封坛口不让空气流通，放上十天半月，装盘即食
成品特点		营养丰富，清香肉活，味鲜吊舌
制作关键		1. 河蟹必须选择鲜活的 2. 制作"醉液"要旺火烧透，醉液中盐的浓度要恰当
营养分析		河蟹有清热解毒的功效，很适合内火旺盛的人食用。除此之外，河蟹还有补骨添髓、养筋接骨、活血祛痰、利湿退黄、利肢节、滋肝阴、充胃液等功效

第一章
寻觅"乡味金华"

 **起源与发展**

金华，简称金，古称婺州，浙江省辖地级市。自秦王政二十五年（公元前222）建县，已有2200多年的历史。因其"地处金星与婺女两星争华之处"得名金华，为国家级历史文化名城、中国十佳宜居城市之一。

金华文化属吴越文化，金华人属江浙民系，使用吴语。金华的农家菜受金华文化的影响很大，有着悠久的历史。

西周中期，金华的酿酒业开始出现。这可以从东阳县土墩墓群、义乌县平畴乡西周古墓等西周遗址里发掘出的原始瓷器中得到证明。其中有许多为当时的酒具，如樽、罐、盉等。而从金华出土的古代酒器具来看，早在春秋战国时期，金华一带已风行酿酒与饮酒。金华黄酒，也称为米酒。

金华特产——金华酥饼与金华火腿驰名中外。金华酥饼始见于南宋婺州浦江吴氏所著的《吴氏中馈录》，书中记载的酥饼是用蜜糖作馅的，与今之干菜肉馅稍有区别。金华酥饼

金华酒

金华酥饼

发展至今，技艺上经过不断改进已成功研制出火腿酥饼、牛肉酥饼、甜酥饼、辣酥饼、双麻酥饼、姜堰酥饼、卤肉豆沙酥饼、红庙酥饼等品种。

金华火腿又称火朣，是金华传统名产之一。具有俏丽的外形，鲜艳的肉色，独特的芳香，悦人的风味，即色、香、味、形"四绝"而著称于世。清朝时由浙江省内阁学士谢墉引入北京，被列为贡品，谢墉的《食味杂咏》中提到："金华人家多种田、酿酒、育豕。每饭熟，必先漉汁和糟饲猪，猪食糟肥美。造火腿者需猪多，可得善价。故养猪人家更多。"

金华火腿

金华农家菜烹调方法以烧、蒸、炖、煨、炸为主。在菜品中，以火腿菜为代表，在外地颇有名气。火腿菜品种达到了300多道，注重保持火腿独特的色香味。

金华农家菜5道

135

{第二节} 分布及特色

金华农家菜主要分布在农家及对外营业的农家乐之中。这与金华的山水和人文旅游资源密切相关。国家级风景区双龙洞、黄大仙祖宫亦坐落于此。省级风景区永康方岩、兰溪六洞山地下长河、浦江仙华山、武义郭洞—龙潭、磐安花溪、百杖潭、双峰漂流、大盘山国家自然保护区、诸葛八卦村、仙源湖旅游度假区、东阳花都—屏岩、汤溪九峰山等，或为山奇，或为水秀，各擅胜场。金华的农家乐主要分布在兰溪、义乌、东阳、永康、武义、浦江和磐安。

金华的"乡味"主要分布如下：

❶ 金东区赤松镇钟头村——青豆、芫荽叶、绿豆芽

浙江省农家乐特色村。

金东区赤松镇钟头村辖钟头、人家畈、松道家等15个自然村，依山傍水，风景独好，是黄大仙文化浓缩之处。因此，钟头村也以拥有著名的赤松黄大仙景区而成名。当地村民依托自然生态和旅游业，利用村宅，大力发展餐馆、住宿、娱乐、休闲等各种具有农家特色的服务业。近几年村集体刚投资300多万元建造的钟头村烧烤场基地，在金华市赫赫有名，游人络绎不绝。

金东区赤松镇钟头村

主要农产品有：青豆、芫荽叶、绿豆芽。

❷ 武义县农家乐——茭白、高山萝卜、宣莲、山鸡蛋、高山蔬菜

武义县地处浙江中部，金衢盆地东南，境内旅游资源丰富，文化底蕴深厚，有两个省级旅游经济强乡——熟溪街道和俞源乡。武义温泉被誉为"华东第一泉"。境内有两个国家首批"中国历史文化名村"——郭洞古生态村和俞源太极星象村，县城熟溪上还横卧着具有800多年历史的古廊桥之祖——熟溪桥。有总面积1327.69公顷、森林覆盖率达98.3%、被誉为"浙中绿洲、华中生物库"的牛头山国家级森林公园，还有连绵100多公里的丹霞地貌景观带。

依托当地丰富的旅游资源，近年来武义农家乐休闲旅游业取得了良好的发展，并逐渐形成三种各具区域特色的农家乐休闲旅游类型，分别是北部温泉度假养生农家乐、中部丹霞探古养生农家乐和南部生态风情养生农家乐。到目前为止，全县共有省级农家乐特色村

武义县农家乐

3个，市级农家乐特色村5个，星级农家乐经营户73家，其中四星级农家乐2家，三星级农家乐43家。

武义县农家乐主要有：

省级农家乐特色村——抱弄口村

抱弄口村地处浙江省武义温泉旅游度假区内，离武义县城8公里，辖4个自然村。该村区位优越，前邻浙江省最佳度假胜地——清水湾·沁温泉度假山庄，后靠中国首批历史文化名村——郭洞。该村依靠特有的生态资源和区位优势，积极创建农家乐旅游特色村，形成了以品尝农家特色饭菜、体验农家淳朴生活、领略农村民俗风情和盛夏避暑休闲为特色的农家乐休闲旅游。目前，全村共有竹海山庄、青山居等多家农家乐经营点，以餐饮、住宿、生态游为主营业务。

省级农家乐特色村——郭洞村

郭洞村位于武义县熟溪街道郭洞景区内，有着千年历史，近七百年氏族文化，是单一宗族的纯血缘村，宗族观念其强，族谱至今延续，村落形态严格按"阖族同像，建祠敬祖，敦睦宗亲，分房聚会"的理念布局，是首批中国历史文化名村，国家"三A"级景区，村内古建筑群保护良好。

优美的环境也是郭洞村最大的特色之一，这里山清水秀、环境幽美，龙溪自南向北蜿蜒贯穿，龙山植被茂盛，特种丰富，古木参天。

省级农家乐特色村——玉堂源村

玉堂源村北与中国历史文化名村——俞源乡太极星相村毗邻，南与全国重点文物保护单位——延福寺接壤，气候宜人，常年比城市气温低3—5℃，空气清新，风景秀丽。

推荐特色：农家青艾粿、双色千层糕、麻糍、养生八宝肚、清炒山栀花。

❸ 磐安县尖山镇管头村——农家菜、民宿

浙江省农家乐特色村、省精品农家乐村、国家级文明村。

尖山镇管头村（乌石村）位于海拔520多米的高山台地，素有"火山台地空中乡村"之称。老村之所以被称为"乌石村"，是因其全部用黑色火山石垒成的古民居。建筑物外表古朴典雅，保存完好，周边环境十分优美，有连片优质茶园、毛竹园、千年古道、千年古树群等，具有较高的保护和旅游开发价值。

当地政府一边大力保护乌石古村落，一边在村边规划新区，建起漂亮的农家别墅，发展农家乐。全村一个由80多家三星级以上民宿组成的新区已经粗具规模。其中最有代表性的农家乐为：初阳台休闲山庄、百合农庄、厉家农庄、子嘉农庄、金杰农家乐、永潭农家乐、蓝天休闲山庄、志翔农家乐和农夫山庄。

"十佳特色农家菜"有：毛毛卤鸭、手擀面、麦踏糊、辣笋红烧肉、义山白切鸡、土鸡煲等。

磐安县尖山镇管头村

精选金华菜品制作视频（微信扫码播放）：

葱花肉

火腿扣白玉

金华筒骨煲

金银炖双蹄

兰溪大仙菜

萝卜肉圆

馒头扣肉

南瓜刀切

武义豆腐丸

野蜂窝蒸火腿

第七篇·乡味金华

第一节
山之珍

〖伯温鹅煲〗

菜　　别：热菜

品尝地点：金华市武义县

获奖单位：武义县十里荷花武义
富临湘菜馆

典故由来

传说刘伯温在俞源常住的时候，有好友从远方
来拜访，但没有什么食物可招待。恰巧他看到水塘
里还有一只鹅，就把鹅杀了来招待客人，并将鹅随
意地用土陶罐装好放在炭火上煨。据说当时两人聊
得非常高兴，一时间把鹅给忘了，直到四周香味弥
漫才意识到鹅已烹熟。后来，这种烹鹅的方法流传
了开来，烹制的鹅菜被大家称为"伯温鹅煲"。

菜谱解析

⬜ 烹调方法：炖
🍲 风　　味：金华

原　料	主料	老鹅1000克
	辅料	党参20克、枸杞10克、野生菌菇100克、藕100克
	调料	葱20克、姜片10克、白胡椒3克、盐5克、味精3克、香菜30克、蒜苗15克、水3000克
制作过程		1. 将老鹅剁块洗净；将葱切段、姜切片、香菜和蒜苗切末；藕切成5毫米厚的片；党参择2～3株洗净；枸杞、野生菌菇洗净 2. 将鹅肉用冷水锅焯水，捞出后用清水清洗干净 3. 将汤锅置火上，鹅肉放入汤锅中，加水，放入党参、葱段、姜片，用旺火烧开后撇去浮沫，转文火慢炖1.5小时，然后用筷子夹出汤锅中的葱段和姜片，再加入野生菌菇、枸杞，用文火慢炖半小时。然后放入盐、白胡椒、味精进行调味，倒入已烧热的砂锅煲中，最后撒上香菜和蒜苗末即可
成品特点		鹅肉美味，汤滋补又好喝
制作关键		1. 鹅肉焯过后，至少要清洗两次 2. 煲汤不可着急，一定要文火慢炖 3. 汤煮沸腾后，汤锅中的浮沫一定要撇干净
营养分析		据《本草纲目》记载：鹅肉"甘平无毒，利五脏，解五脏毒，止消渴，补气"，具有消热、解毒、降血压、降血脂、降胆固醇、养颜美容等功效

ॐ 茯苓馒头 ॐ

菜　　别：点心
品尝地点：金华市磐安县
获奖单位：磐安县源头谷休闲山庄

菜点说明

《儒门事亲》中载："茯苓四两，白面二两，水调作饼，以黄蜡煎熟。"以此为渊源，经现代面点加工工艺制作而成的茯苓馒头，常食极具健脾祛湿之功效。

菜谱解析

烹调方法：蒸
风　　味：金华

原　　料	主料	面粉400克
	辅料	茯苓粉100克、酵母粉10克、牛奶280克
	调料	无
制作过程		1. 将面粉、茯苓粉、酵母粉混合，拌匀，倒入牛奶，先用筷子搅拌成絮状，再反复揉匀成光滑的面团 2. 将面团放入容器中，盖好盖，在温暖处发酵约40分钟至软 3. 将发酵好的面团放到案板上，再反复揉一会儿后将揉好的面团分成小份，整形成馒头状。馒头坯之间留出5厘米的距离，表面盖上潮湿的屉布，继续发酵20～30分钟，轻轻按压表面有弹性即可 4. 将发酵好的馒头生坯放入蒸锅内，盖上锅盖，大火烧开后转中火蒸20分钟，关火后再放置3～5分钟，出锅装盘即可
成品特点		可口松软，带有茯苓的清香、奶香，有嚼劲
制作关键		1. 加入茯苓粉后，需要的水量要比纯面粉揉面稍多一些。比如平时做馒头，500克面粉加250毫升水，但加入茯苓粉的面粉，这个水量明显不够，所以要根据具体情况进行调整 2. 酵母粉也要比正常做馒头多加一些
营养分析		馒头是面粉经发酵制成的，主要营养成分是碳水化合物，是人体补充能量的基础食物。胃酸过多、消化不良的人吃吃烤馒头，会感到舒服并减轻症状。用茯苓等药食同源之药材经特殊工艺处理制作成常规型的馒头，赋予了其食疗的功效

荷香宣平豆腐

菜　　别：热菜

品尝地点：金华市武义县

获奖单位：武义县十里荷花
富临湘菜馆

菜点说明

宣平豆腐，是纯天然好食材。该菜来源于武义县十里荷花富临湘菜馆，为2017年浙江省农家乐烹饪比赛的创新菜品。

菜谱解析

烹调方法：炖　　　　风　　味：金华

原　　料	主料	农家豆腐1000克
	辅料	荷叶2张
	调料	盐5克、味精3克
制作过程		1. 将制作好的豆腐切块状，用荷叶包好 2. 将包好的豆腐包入锅，加入调料，用慢火炖15分钟，出锅后分装入小砂锅中即可
成品特点		清香，淡爽
制作关键		采用慢火炖15分钟
营养分析		豆腐含有丰富的营养，是低热量、低脂肪、高蛋白质的健康食材，豆腐的钙含量也相当高。经常食用豆腐，能营养皮肤、肌肉和毛发，使皮肤润泽细嫩、富有弹性，肌肉丰满而结实，毛发乌黑而光亮，身材窈窕

❴红岩牛蹄煲❵

🍱 菜　　别：热菜
📍 品尝地点：金华市浦江县
🏛 获奖单位：浦江县红岩农家乐

菜点说明

　　制作者从小放牛，和牛打了很多交道，在试过红烧、白煮等几种方法后，发现做成煲才最能展现牛蹄别具一格的味道，于是经过他的改良，使弃之可惜的牛蹄焕发出了自己的味道。

菜谱解析

🍲 烹调方法：炖　　🥢 风　　味：金华

原　料	主料	牛蹄700克
	辅料	葱白10克、生姜10克
	调料	绍酒20克、盐3克、干辣椒3克
制作过程		1. 将牛蹄去蹄壳，过火去毛，刮洗干净 2. 将牛蹄放入高压锅，加生姜、绍酒、盐、干辣椒，炖2小时 3. 将炖好的牛蹄带汤水装入煲内，加热收汁后撒上葱白即可
成品特点		原味鲜香，质感润滑
制作关键		要经过长时间的煲制，直至牛蹄筋骨酥烂为止
营养分析		牛蹄含有丰富的胶原蛋白，不含胆固醇，可强筋壮骨。中医认为：牛蹄，味甘、性凉，具有清热止血、利水消肿的功效，主治风热、崩漏、水肿、小便涩少等症

【火腿扣宣莲】

菜　　别：热菜
品尝地点：金华市武义县
获奖单位：武义县十里荷花富临湘菜馆

典故由来

　　相传，清嘉庆年间，浦江有个祝老大，因躲债来到了宣平西联乡壶源行政村下塘自然村，在山脚开了几丘稻田。第二年，田里长出一朵荷花，香气扑鼻，子实也香气沁人。从此，祝老大就以种莲为业。一晃十几年过去了，有次，祝老大背着十几斤莲子回故乡探亲，路过金华罗店歇宿。由于宿费不够，他就抓了几把莲子给店家。店家满心欢喜，珍藏起来。一天，一京城官亲路过罗店，店家拿出莲子煨鸡后给客人吃。客人吃后问是何山珍海味。店家告之是宣平莲子煨鸡。客人称全国闻名的湘莲也无此鲜香！于是店家把剩余的莲子送给了客人。官亲回京后又把宣莲奉献给了皇帝。皇帝吃后，下诏官府每年进贡十二担宣莲。从此，宣莲身价百倍，一斤竟值一担谷。于是，各地竞相种莲，但色、香、味皆不及宣平莲子。

　　金华火腿，据考证金华民间腌制火腿，始于唐代。唐开元年间陈藏器撰写的《本草拾遗》载："火腿，产金华者佳"。相传，宋代义乌籍抗金名将宗泽，曾把家乡"腌腿"献给朝廷，康王赵构见其肉色鲜红似火，赞不绝口，赐名"火腿"，故又称"贡腿"。因火腿集中产于金华一带，俗称"金华火腿"。后辈为了纪念宗泽，把他奉为火腿业的祖师爷。20世纪30年代，义乌人在杭州开设了"同顺昌腿行"和"太阳公火腿店"，堂前仍悬挂着宗泽画像，显示正宗。

菜谱解析

🍲 烹调方法：炖

🥘 风　　味：金华

原　料	主料	金华火腿400克、宣莲200克
	辅料	西蓝花100克
	调料	鸡油15克、姜8克、大葱20克、味精1克、盐3克、绍酒15克
制作过程		1. 将火腿、宣莲洗净，火腿用刀修成正方体的块 2. 将火腿入水锅内煮沸后捞出 3. 将火腿放入碗内，加入莲子、大葱、姜、盐、绍酒、味精，隔火炖3小时后取出装盘 4. 莲子边上围上用沸水煮熟的西蓝花即可
成品特点		具有浓郁的火腿清香味，口味咸鲜
制作关键		此菜要经过长时间的小火慢炖，火腿、莲子的香味才能完美结合
营养分析		火腿内含丰富的蛋白质和适度的脂肪，以及多种氨基酸、维生素和矿物质。宣莲，含碳水化合物、蛋白质、脂肪和矿物质 中医认为：火腿味甘咸，具有健脾开胃、滋肾填精之功效；宣莲养肠胃，具有调脾经之功效

{酒坛羊肉}

🍽 菜　　别：热菜
📍 品尝地点：金华市磐安县
🏛 获奖单位：磐安县方山大院

菜点说明

　　为了使羊肉香气更浓，人们常用酒坛来焖、蒸，以避免在烧制过程中香气外泄。为了能在夏天也吃到羊肉，就添加了能祛火的药材加以烧制，逐渐形成了具有浓厚地方特色的酒坛羊肉。

菜谱解析

🍳 烹调方法：焖、蒸　　　🍲 风　　味：金华

原　料	主料	新鲜羊肉1000克
	辅料	中药材100克、荷叶1张、粽叶5张
	调料	葱结25克、姜15克、绍酒50克、盐5克
制作过程		1. 先将羊肉洗净，剁成大块 2. 将荷叶放入酒坛内，放入羊肉、中药材，再用粽叶将酒坛口封住 3. 用文火焖蒸12小时后取出即可
成品特点		口感软烂香甜，回味无穷
制作关键		此菜以酒坛为加热介质，要经过10多个小时的炖制，才能达到肉质软烂、酒香扑鼻效果
营养分析		中医认为：羊肉是助元阳、补精血、疗肺虚、益劳损之佳品，是一种优良的温补强壮剂 羊肉本身具有温补作用，但夏天不宜直接食用，加入祛火的几味中药后，就能克服此矛盾。酒坛羊肉根据季节不同，所用中药也不同，便四季皆宜食而温补功效不减

孔氏五香糕

菜　　别：点心
品尝地点：金华市磐安县
获奖单位：磐安县高升山庄

菜点说明

　　磐安具有蒸制发糕的优良传统工艺，在药膳的启发下，将几道药食两用的食材用糕点的形式进行呈现。2014年研制的五香糕一举成为金牌糕点。

菜谱解析

烹调方法：蒸　　　风　　味：金华

原　料	主料	籼米200克、糯米200克、黑米200克、薏苡仁100克
	辅料	枣泥180克、金橘饼100克
	调料	葱结25克、姜10克、桂皮10克、绍酒50克、酱油350克、白糖120克
制作过程		1. 将籼米浆准备好，用传统工艺发酵后加入糯米水拌匀 2. 将米浆倒入蒸笼，用猛火蒸制；约20分钟浇一层，不同的颜色各浇一次，分白米层、黑米层、芡实层、薏苡仁层、枣泥层，形成明显五层状，并拌以金橘饼提香 3. 将蒸好的香糕从蒸笼内取出，改刀成块即可
成品特点		特色明显，功效养生，工艺传统，富有创意
制作关键		1. 米浆须用传统的工艺发酵，糯米水要拌匀 2. 约20分钟浇一层
营养分析		此糕点能为人体提供碳水化合物、维生素和矿物质。芡实、薏苡仁都具有除湿功能，常吃此糕能除湿养生

蜜缠牛足

菜　　别：热菜
品尝地点：兰溪市
获奖单位：兰溪市畲族风情园

菜点说明

为纪念老黄牛与蜜蜂勤劳、友爱互助的精神，畲族人用黄牛蹄、蜂蜜，加入几种畲族中药制作成了独特风味的菜肴。

这是畲族最具特色的菜品，不但味鲜可口，且有养神、补肾益气、强身健体的功效。

菜谱解析

烹调方法：煮　　　风　　味：金华市兰溪市

原　料	主料	黄牛蹄1只（约500克）
	辅料	十几种中药（香料）100克、菜心80克
	调料	盐1克、味精2克、葱结15克、姜10克、绍酒20克、酱油20克、蜂蜜100克、自制调味汁100克
制作过程		1. 将黄牛蹄放到火上烤，烤出香味后用清水洗净 2. 将菜心加盐、味精焗透 3. 将黄牛蹄入锅，加清汤，放入中药、葱结、姜，倒入绍酒、酱油，煮3小时，出锅后装盘，放上菜心，浇上自制调味汁、蜂蜜即可
成品特点		色泽红亮，香气扑鼻
制作关键		所选的牛蹄比较关键，要选黄牛前蹄
营养分析		牛蹄含有丰富的蛋白质，脂肪含量较低。中医认为：牛蹄味甘，性凉，清热止血，利水消肿，具有很好的美容和抗皱的作用

〖浦江灰汤粽〗

菜　　别：点心
品尝地点：金华市浦江县
获奖单位：浦江县胖妞食品

菜点说明

　　由于端午节已是初夏时期，气温逐渐升高，早先没有冰箱，为了不使粽子很快变色、变味，我们祖先发明了用稻草灰汤和糯米制成灰汤粽。

🍙 烹调方法：煮

🍲 风　　味：金华

原　　料	主料	糯米1000克
	辅料	粽叶400克、稻草灰汤1000克
	调料	无
制作过程		1. 用一定数量白净的稻草点火烧成灰，待草木灰凉却后，过滤成纯浓灰汤 2. 选择颗粒饱满、黏性重的糯米，浸泡于灰汤中8小时左右，使糯米成淡黄色 3. 将淡黄色的糯米包裹成粽子，裹好后逐一放到锅里，加冷水没过粽子1厘米以上，慢火煮熟即可
成品特点		粽子晶莹可口，甘美滋润，甜而不腻，比普通的粽子更有韧劲，香味更浓
制作关键		粽子比较小个，若泡太久煮的时候会散开来，所以包的时候要扎紧
营养分析		糯米含有蛋白质、脂肪、糖类以及多种维生素和矿物质，营养丰富，有收涩作用，对尿频，盗汗有较好的食疗效果 灰汤粽具有补中益气、健脾养胃、止虚汗之功效

特色豆腐包

菜　　别：点心
品尝地点：永康市
获奖单位：永康市村尚·食间
　　　　　大陈店

　　豆腐包，意味团结、和睦与包容，也象征来年"荷包"更丰满。涨破的豆腐包在某些地方很受欢迎，寓意着"荷包"涨破了。

菜谱解析

烹调方法：炸　　　风　　味：金华

原　　料	主料	盐卤豆腐500克
	辅料	面粉300克
	调料	小葱50克、盐20克、味精5克
制作过程		1. 将豆腐捏碎，加入盐、味精、小葱调成馅 2. 将面粉揉成略稀的面团，用擀面杖擀成薄皮，然后包入豆腐馅 3. 锅中倒入油，待油温升至四成热时，放入豆腐包，慢火炸至皮脆、色黄时捞出，装盘即可
成品特点		外脆里香，美味可口，老少皆宜
制作关键		1. 为保持更纯正的口感，建议不使用或少使用其他调味品。前人做"豆腐包"除盐外没有其他调味料，用虾米（肉类）、蒜苗等物作天然调料，可以体验更为原味的口感 2. 炸制期间不能翻动，否则豆腐包在锅底容易烧糊
营养分析		豆腐除有增加营养、帮助消化、增进食欲的功能外，对齿、骨骼的生长发育也颇为有益。豆腐含有丰富的植物雌激素，对防治骨质疏松症也有良好的作用

❂ 土猪荷叶夹 ❂

🍴 菜　　别：热菜
📍 品尝地点：金华市武义县
🏛 获奖单位：武义县十里荷花富临湘菜馆

菜点说明

　　该菜来源于武义县十里荷花富临湘菜馆，为2017年浙江省农家乐烹饪比赛的创新菜品。

　　华中两头乌，猪躯干和四肢为白色，头、颈、臀、尾为黑色，黑白交界处有2~3厘米宽的晕带，额部有一小撮白毛称笔苞花或白星，头短宽，额部皱纹多呈菱形，额部皱纹粗深者称狮子头，头长直额纹浅细者称万字头或油嘴筒。

菜谱解析

🍞 烹调方法：炖

🍲 风　　味：金华

原　料	主料	金华两头乌土猪肉500克
	辅料	中药材50克、荷叶夹8只
	调料	葱结15克、姜10克、绍酒30克、酱油35克、白糖10克、色拉油1000克
制作过程		1. 将猪肉刮洗干净，入锅加水煮至八成熟出锅 2. 将猪肉表面擦干后抹上绍酒（10克）及酱油（15克） 3. 锅中倒入色拉油，烧至八成热，把猪肉放入炸1分钟，至肉皮起泡有皱纹时，即捞出 4. 将肉切块，放入热锅中，加入酱油（20克）、葱结、绍酒（20克）、白糖、中药材、肉汤，慢火炖至酥糯，出锅装盘，摆上荷叶夹即可
成品特点		色泽红亮，香糯滋补
制作关键		1. 走油之前要均匀抹上酱油 2. 猪肉一定要到八成油温时再下锅
营养分析		中医认为：猪肉性平味甘，有润肠胃、生津液、补肾气、解热毒之功效

【源头之羊肉】

菜　　别：热菜
品尝地点：金华市磐安县
获奖单位：磐安县源头谷休闲山庄

菜点说明

该菜根据冬令进补和中医理论，配置相关药食同源之药材，为最适用进补之膳菜。

菜谱解析

🍵 烹调方法：焖

🥘 风　　味：金华

原　料	主料	羊肉700克
	辅料	药材（十二味）100克
	调料	葱结15克、姜10克、香菜10克、绍酒50克、酱油30克
制作过程		1. 将羊肉改刀成大块，然后用冷水锅焯水 2. 将药材用纱布包好 3. 将羊肉、中药料包放入坛中焖制12小时后倒出即可
成品特点		肉烂软香，汤鲜味醇，风味独特
制作关键		1. 最好选用肥瘦相间的羊肉，也可选用羊腩 2. 由于要长时间焖制，注意底部不能焦煳
营养分析		羊肉御风寒，又补身体，最适宜于冬季食用

第二节
水之灵

〖 招牌鱼羊鲜 〗

典故由来

　　孔子周游列国初期，四处碰壁，举步维艰，连饭都吃不上，其弟子只能四处乞讨。一天，他们偶得一些鱼肉和羊肉，由于大家都饥肠辘辘，遂将鱼、羊肉混在一起煮，发现其味竟鲜美无比，自此此烧法便流传开来。据说，"鲜"字便是这般得来。

🍳 菜　　别：热菜
📍 品尝地点：金华市浦江县
📖 获奖单位：浦江县红岩农家乐

157

菜谱解析

🍴 烹调方法：烧

🥢 风　　味：金华

原　料	主料	鲜鲴鱼一条（约750克）、带皮熟羊肉300克
	辅料	香菜10克
	调料	绍酒30克、味精2克、精盐2克、葱结10克、姜片10克、胡椒粉1克
制作过程		1. 将鱼洗净，取下头尾，鱼肉切成片；带皮熟羊肉也切成长方块，待用 2. 将锅置火上，滑锅，下入葱、姜煸香，放入鱼头、尾略煎，再放入羊肉，加绍酒、精盐、水（500克），烧沸后用小火烧透，再改用大火，投入鱼片（烧至鱼片发白），将锅离火，撒上胡椒粉 3. 将菜盛装出锅，撒上香菜即可
成品特点		鲜香醇厚，暖胃散寒，为冬令佳肴
制作关键		1. 煎鱼的时候一定要先把鱼身上的水控干，火候保持中火 2. 投入鱼片时的火候要采用大火，不能长时间加热，否则鱼片肉质易老
营养分析		中医认为：鲴鱼开胃、补中、益气，有一定的食治功能。鲴鱼与羊肉同烧，具有健脾开胃、温补之功效

第八篇

乡味衢州

XIANGWEI
ZHEJIANG

第一章

寻觅"乡味衢州"

 **第一节 起源与发展**

衢州，浙江省辖地级市，位于浙江省西部，钱塘江上游，金（华）衢（州）盆地西端，南接福建南平，西连江西上饶、景德镇，北邻安徽黄山，东与省内金华、丽水、杭州三市相交。

衢州是一座具有1800多年历史的江南文化名城，一直是浙、闽、赣、皖四省边际交通枢纽和物资集散地，素有"四省通衢、五路总头"之称。衢州还是中国十大宜居城市之一，被国务院命名为国家级历史文化名城。江郎山则见证了衢州文化的悠久历史。

江郎山

衢州农家菜历史悠久，源远流长，和衢州的文化历史同步发展。新石器时代，人类开始在衢州这块土地上繁衍生息，这便是乡味衢州的起源。从柯城区、衢江区、龙游、江山、常山、开化等地出土的石斧、石锛、石刀、石矛等物品可以证明。

衢州农家菜传承久远，民间小吃也是非常重要的组成部分，如余记烤饼、凉拌粉干、龙游葱花馒头等。

衢州农家菜别具一格，味重喜辣，并以辣见长。烹调讲究鲜嫩软滑，意在保持本味，爱食者称之为"知味美食，天下无双"。"三头一掌"（兔头、鸭头、鱼头、鸭掌）为特色菜，那辣香的味道，便是衢州乡味的集中体现。

衢州小吃3种

衢州农家菜5道

〖第二节〗 分布及特色

衢州农家菜主要分布在旅游景区的农家乐中。衢州旅游资源丰富，有"神奇山水，名城衢州"之称。境内有浙江省首个世界自然遗产（江郎山）、全国重点文物保护单位（孔氏南宗家庙、龙游湖镇舍利塔、衢州城墙和江山三卿口制瓷作坊）、国家5A级旅游区（开化根宫佛国），国家4A级旅游区（江郎山、龙游石窟、天脊龙门、廿八都古镇、药王山、清漾）、全国工农业旅游示范点（七里香溪、乌溪江）。衢州市区还有美食一条街，可以寻找到衢州农家美食，场面恢宏，食客成群，是衢州市区一大景观。

衢州的美食一条街

衢州的"乡味"主要分布如下：

❶ 柯城区石梁镇张西村
——笋干、高山毛峰茶

浙江省农家乐特色村。

张西村位于柯城区石梁镇东南部，原名西坑村。位于衢州市西北部，距市区23公里，村庄位于衢州北高峰——"白菊花尖"（海拔1394米）的山脚下。村庄结合休闲旅游景点，开展农家乐项目经营，走上了以休闲旅游带动村民致富的良性循环轨道，实现了经济效益、社会效益、生态效益的有机统一，农家菜得以迅速发展。

柯城区石梁镇张西村

张西村盛产茶叶、笋干等，这些都是张西村出名的乡味。张西茶叶属纯天然有机茶叶，不施肥、不喷药，平时不需任何管理，生长于高山上，每年四月份开始采摘，全年就采一次春茶，俗称毛峰茶。

❷ 衢江区大洲镇外焦（大路）村
——竹笋、高山蔬菜、食用菌

浙江省农家乐特色村。

大路村历史文化悠远，畲族风情独特，被誉为"浙西的西双版纳"。衢州市首个畲族风情文化旅游项目在大洲镇外焦村（大路）自然村落户。聚居在这里的畲族后裔至今仍保持着自己独特的文化艺术和语音，古遗风情淳厚。境内高山林立，最高峰海拔1390米，约有大小景观60多处，展现了雄、奇、险、秀、幽、特。这里的农家乐生态原始，景色迷人，青山、秀水、古树、山寨、流云、飞瀑、湿地、古村落，让游人流连忘返。

衢江区大洲镇外焦（大路）村

大路村素有"毛竹之乡"的美誉，大洲镇的发展以毛竹、大棚西瓜、高山蔬菜、食用菌为生态和城郊型农业为基础，形成了生态美食为特色的农家乐项目。

❸ 龙游县庙下乡晓溪村——竹笋、林鸡、羊、土鳖

浙江省农家乐特色村。

庙下乡素有"浙西竹库""省毛竹之乡"之美誉，位于浙江省龙游县南部山区，西连衢江区，南靠遂昌县，总面积82.9平方公里。

该村农家乐曾接待来自美国、韩国、澳大利亚等国以及新疆、上海、杭州、绍兴、宁波、温州、金华等地游客二十多万人次。庙下乡已经建立庙下、庙上、芝坑口蔬菜基地，晓溪、浙源里无公害茶叶基地，晓溪山露营基地，葡萄基地，杆栏桂花苗木基地，庙下、芝坑口清水鱼养殖基地等基地。

庙下乡以盛产竹笋为主，一年四季均有鲜笋销售，特别是冬、春笋。丰富的毛竹资源托起了庙下乡竹制品加工产业。丰富的自然生态条件使得该地竹林鸡、羊、土鳖、泥鳅养殖项目发展迅速，孕育出了高山有机茶、高山生态菜牛、名贵桂花苗木、清水鱼、竹林土鸡等新的生态经济增长点。

龙游县庙下乡晓溪村

精选衢州菜品制作视频（微信扫码播放）：

姑蔑巧手豆腐丸

古法大桥煎泥鳅

红糖麻糍

家烧江郎红顶鹅

江源有机清水鱼

开化生态青螺蛳

南孔特色卤兔头

三衢药王土鸡煲

第一节
山之珍

北乡汤圆

菜　　别：点心

品尝地点：衢州市龙游县

获奖单位：龙游县姜家休闲农庄

典故由来

　　南宋年间，年轻的余端礼拜叶公为师，每天很早就去学习。有一天天不亮他就去了，却又不好意思敲门，便在门口石磨上靠着并睡着了。恰巧叶公也在梦中见到一条黑龙盘踞在家门口的石盘上，走出推门一看，见是余端礼，进门后把此事讲给了夫人和女儿听，母女听后都兴奋不已。夫人欲招余端礼为女婿。于是，母女俩人商量要亲手做碗与众不同的汤圆给未来的女婿吃，汤圆里面的馅便用了松籽、竹笋、韭菜等，寓意未来女婿吃了，女儿能早生贵子，夫妻能长长久久，团团圆圆。后来"文曲星"余端礼在光宗时拜相，其妻也被封为郁国夫人。多年以来，龙游小伙上门到女方提亲，如女方同意，女方母亲就会精心制作北乡汤圆来招待未来的女婿，如女方不愿意，就烧一碗糖吞蛋给对方吃。

菜谱解析

🍜 烹调方法：煮

🥄 风　　味：衢州

原　料	主料	糯米300克、粳米60克
	辅料	香干20克、萝卜20克、龙游两头乌猪肉20克、茭白20克、石笋20克
	调料	白糖20克
制作过程		1. 将粳米、糯米混合后，连续用水浸泡七天，待用 2. 将米捞起沥干，放进石磨磨成米粉浆。在竹筐里垫上滤布滤干，再把粉块放到竹匾上，在烈日下暴晒七天。最后，用石磨磨成细粉，叫作"七日粉" 3. 取七日粉用开水泡开，揉团上劲，待用 4. 香干、萝卜、龙游两头乌猪肉、茭白、石笋炒制成馅料，待用 5. 在面团内裹进馅料，搓成汤团的形状，待用 6. 锅中加水煮至80℃，把汤团下锅，用文火煮透，加汤调味，即可
成品特点		鲜美滑口，营养美味
制作关键		1. 米要浸泡七日，磨成米浆后要晒七日 2. 汤圆不宜烧太久，以免煮烂
营养分析		汤圆有促进食欲、润肠健脾之功效

金钩炖老鸭

菜　　别：热菜

品尝地点：衢州市衢江区

获奖单位：衢江区黄坛口乡茶坪清风居

菜点说明

　　金钩子这一原料在黄坛口乡境内十分常见，当地百姓又称作"鸡爪梨"。20世纪上半叶，人们生活条件比较艰苦，水果种类稀少，因此山林间自然生长的野果成了主要的饭后水果，"鸡爪梨"就是其中之一，因为它表皮无毛，无需清洗，味道甘甜，成串儿的外形又方便携带，所以当地的百姓经常采摘食用。

　　后期随着改革开放，人民生活水平的提高，饲养家禽在百姓家中普遍了起来。环境优越、水源充足的黄坛口乡非常适宜饲养鸭子，这里的鸭子以河虾、螺、贝为食，滋补效果不同寻常。将金钩子和鸭子炖在一起食用，是劳动人民智慧的结晶，因为他们发现，每年秋季坚持这道菜食疗，具有明显的祛风通络止痉、利尿安神解乏、止咳除痰、补充营养的功效。

菜谱解析

🍚 烹调方法：炖

🍲 风　　味：衢州

原　　料	主料	老鸭一只（约1500克）
	辅料	金钩200克
	调料	盐8克、味精3克、绍酒20克、高汤500克
制作过程		1. 将鸭宰杀后洗净，切块，待用 2. 锅中加满水，将老鸭块放入锅中焯烫至变色后捞出，沥干洗净待用 3. 将鸭肉倒入锅中，加入高汤、金钩，小火炖3小时，倒入煲内即可
成品特点		汤醇味浓，酥而不烂，色泽诱人
制作关键		1. 为掌握好火候，大火烧沸后要改用小火炖 2. 炖制时间要充分
营养分析		《本草纲目》记载"鸭肉性味甘、寒，填骨髓、长肌肉、生津血、补五脏"

金秋蛋一肉

菜　　别：热菜
品尝地点：衢州市衢江区
获奖单位：衢江区古枫休闲农庄

菜点说明

金秋蛋一肉（无花果酿春炖仔排）是古枫休闲农庄经过多年研制开发的菜品，具有营养、原生态、环保、绿色、味道鲜美等特点，是经过专家开发、调整及认可的最受美食爱好者喜欢的十二道无花果菜品系列中的一道。

菜谱解析

烹调方法：炖　　风　　味：衢州

原　料	主料	无花果500克
	辅料	鸡蛋500克、仔排150克、肉末50克
	调料	盐5克、绍酒15克、葱5克、姜5克
制作过程		1. 将肉末用酿的手法塞入鸡蛋后煮熟，待用 2. 将无花果改刀，待用 3. 仔排焯水后放入砂锅中，加绍酒、葱、姜、清水，用小火慢炖1小时，最后加入无花果、酿春（鸡蛋）、盐即成
成品特点		色泽诱人，营养丰富，汤清味美
制作关键		1. 炖仔排时要采用小火，否则汤不清 2. 酿鸡蛋不能破，否则菜品造型不美观
营养分析		中医认为：无花果性味甘平，清热、解毒、消肿、健胃

开化气糕

■ 菜　　别：点心
⊙ 品尝地点：衢州市开化县
🏛 获奖单位：开化县气糕示范店

典故由来

　　民国三十八年《开化县志稿·风俗·饮食》记载："重阳，则以米和水磨浆，蒸为气糕食之。"1984年出版的《金华地区风俗志》开化风俗志上记载："七月半以食气糕为多"。开化百姓至今延续七月半吃气糕的习俗。

菜谱解析

🍚 烹调方法：蒸　　　🥘 风　　味：衢州

原　料	主料	稻米500克
	辅料	虾仁100克、猪肉80克、豆腐干丝100克
	调料	盐5克、白糖30克
制作过程		1. 将米浸泡一晚后加水磨成米浆，待用 2. 煤炉上置一口不大的铁锅，放入一带孔的铝板，再铺一层纱布，舀上两三勺发酵后的米浆，摊平，待用 3. 依个人口味，撒上虾仁、猪肉、豆腐干丝等馅料，加盐、白糖，不停地加热，蒸汽从圆孔中徐徐向上，10分钟后一个厚约1.5厘米的气糕便做成了 4. 将其切成小块，放入油中微炸，装盘即可
成品特点		香甜软糯，洁白晶莹，松软有弹性，入口即化
制作关键		1. 米浆不能太稀也不能太浓，且要根据天气变化不断调整，否则做出的气糕不是太软就是太硬，咬起来缺少弹性 2. 摊气糕时要有耐心，确保厚薄均匀
营养分析		中医认为：大米性味甘平，有补中益气、健脾养胃、益精强志、和五脏、通血脉、聪耳明目、止烦、止渴、止泻的功效

{龙游发糕（福满人间）}

🍱 菜　　别：点心
📍 品尝地点：衢州市龙游县
🏛 获奖单位：龙游县温玉堂农庄

典故由来

龙游发糕源远流长，据《龙游县志》记载始于明代，而它的来历非常有趣。相传朱元璋攻克衢州后，将衢州路改名为龙游府，朱元璋坐上龙椅后，认定自己从"潜龙勿用"一跃成为"飞龙在天"是得了龙游这个地名的"口彩"相助。他曾在马戍口、三叠岩等地遇险蒙难，都因得到当地人的帮助而化险为夷，所以他对龙游别有一番情怀。

有一年腊月时节，朱元璋带了几个亲信微服私访龙游境内，从神仙山（笔架山）下来后，途经詹家镇夏金村青龙殿旁一户农家小歇。农家用头道酒、二道菜、三道发糕进行招待，勤劳的农家小媳妇急急忙忙准备，在拌米粉蒸糕时，慌忙中不小心碰翻了搁在灶头上的一碗酒酵（酿米酒的沉淀物），眼看酒酵流进了米粉，小媳妇急得想哭，可是她不敢声张，怕遭到公婆的责骂，只得把混入酒酵的米粉依旧拌好放蒸笼里蒸。约一炷香的时辰，小媳妇忐忑不安地端上米糕，掀开蒸笼盖，一股夹着淡淡的荷香、酒香的米糕甜香扑鼻而来。朱元璋忙惊奇地夹起一块，只见蒸糕色泽白如玉，膨胀疏松，内如馒头般细孔密布。朱元璋品尝发糕时赞不绝口，说此发糕不是彼发糕，以后就称"福高"吧！

菜谱解析

- 🍲 烹调方法：蒸
- 🍜 风　　味：衢州

原　料	主料	粳米500克
	辅料	糯米50克
	调料	白砂糖80克、猪油20克、酒酿10克、红绿丝5克
制作过程		1. 将粳米、糯米浸泡数十天，然后用水漂清，磨成细粉状，待用 2. 在细粉中按一定的比例拌入猪油、酒酿等佐料，调成糊状，待用 3. 在笼底铺上荷叶或者箬叶，将和好的米粉糊放入蒸笼，文火加热发酵。其间每隔7～8分钟调换蒸笼的顺序，把最上面的调换到最下面，如此反复，直到用手触摸笼壁感到温热，停止加温、此时发糕不能出锅，待糕体半笼饧发至满笼时用旺火蒸熟 4. 蒸好的发糕上面可以撒上红绿丝，或放上红枣、蜜枣、青梅等点缀即可
成品特点		色泽洁白如玉，鲜香扑鼻，食之甜而不腻、糯而不粘
制作关键		1. 制米浆时要彻底将米磨碎 2. 饧发要充分，否则成品不饱满、口感不佳 3. 蒸制过程要注意火候的控制
营养分析		中医认为：发糕富含碳水化合物，有健脾养脾、养胃健胃、开胃消食、明目、止泻、止渴之功效

辣炒马金豆腐干

菜　　别：热菜

品尝地点：衢州市开化县

获奖单位：开化县马金聆泉苑

菜点说明

　　马金豆腐干以高山优质春大豆为原料。采用钱江源头水，运用传统工艺与现代化技术精制而成，色鲜味美，营养丰富，风味独特，无公害。

　　马金豆腐干又名商梓豆腐，商梓即故乡，在开化马金一带，藏制与商梓同音，马金人离开家乡总要在行囊里揣上几块豆腐干，这样即便离家万里也能想起家乡的味道。豆腐作为植物蛋白，暑天不容易保存，古代开化人为了保存来之不易的豆腐，便将其烘干，放入腌制咸鸡蛋的瓮中，用豆荚、芝麻、箬叶制成草木灰，并和炒后的油盐一并腌制，三天后出瓮，地道的马金豆腐干就出炉了。

菜谱解析

烹调方法：炒

风　　味：衢州

原　料	主料	马金豆腐干200克
	辅料	青、红椒各50克，大蒜50克
	调料	盐3克、生抽3克、绍酒5克、味精2克、菜籽油10克
制作过程		1. 将马金豆腐干对半横切至0.3厘米的薄片；青、红辣椒切成菱形；大蒜切片，待用 2. 将锅烧热，倒入菜籽油，烧至四成热，加入豆腐干、大蒜片、青红椒一起爆香，再放入绍酒、盐、生抽，炒至青、红椒断生后加入味精，出锅装盘即可
成品特点		绵软细嫩，满口清香，味道鲜美
制作关键		1. 需旺火急炒 2. 适度调味，保持原汁原味
营养分析		中医认为：马金豆腐干有益中和气、生津润燥、清热解毒、消渴解酒等功效，还可以防治呼吸道及消化道疾病

四个没有变

菜　别：冷菜
品尝地点：衢州市衢江区
获奖单位：衢江区古枫休闲农庄

杜泽是位于衢江北部的乡镇，该地区物产丰富，景色优美，人民生活安逸幸福。一直以来当地老百姓就有把自家种的缸豆、萝卜、大蒜、辣椒腌制成农家小菜的习惯。村民把自己种的农作物，用传统的农家腌制手法腌泡一段时间，就成了爽口的美味。这美味做法简单，却是农忙时的"接荒菜"，也是每家每户干农活时便于携带、增强能量的农家特色"开胃小菜"。

早年的"腌缸豆"被人们称作"红色哨兵"，因与红色历史有着密切联系，而带上了一些传奇色彩和红色的标记。这些腌制过的小菜色泽红亮，口味独特，具有浓郁的农家风味，尝到这些小菜会让人回想起年少时代外婆、妈妈菜的味道。

菜谱解析

⬡ 烹调方法：腌

🍲 风　　味：衢州

原　　料	主料	白萝卜100克、红辣椒100克、缸豆150克、蒜子150克
	调料	盐15克、糖25克、白酒10克
制作过程		1. 将白萝卜和红辣椒切成丁；缸豆、蒜子洗净待用 2. 盐、糖、白酒加冷开水形成溶液，将原料分别泡腌15天 3. 将腌制好的原料取出改刀，适当调味后装盘即可
成品特点		开胃爽口，色泽自然
制作关键		1. 选料要好，选用嫩的 2. 食材腌制时间需要足够充分
营养分析		该菜具有温中健胃，消食理气之功效

{苏庄炊粉}

🍱 菜　　别：热菜
📍 品尝地点：衢州市开化县
🏛 获奖单位：开化县苏庄镇梦园大酒店

菜点说明

　　苏庄人饮食丰富多彩，特爱用米粉拌蔬菜、鱼、肉蒸熟而食，谓之"炊粉"。农家巧妇个个是烹饪高手，蒸制出的炊粉，既保存了蔬菜和肉的原汁成分，营养丰富，又香气诱人，色鲜味美，让人食欲大开。凡到过苏庄的客人，往往会被苏庄炊粉所吸引，品尝过这道农家菜后，更是赞不绝口，回味无穷，留有深深的印象。农妇制作炊粉，食不厌精，脍不厌细。以旺旺炊粉最为有名。开化苏庄地处山区，日温差大，日照时间不长，独特的山区气候使本地产的稻谷生长期长，糯性好，营养成分更丰富。农家饲养的狗，肉质嫩滑，香味诱人。狗肉酥而不烂，味咸、辣、香，是苏庄的传统名菜。

菜谱解析

● 烹调方法：蒸

● 风　　味：衢州

原　料	主料	狗肉400克
	辅料	生菜30克、米粉150克
	调料	米酒10克、盐3克、味精2克、山茶油5克、辣椒末2克、姜末4克、蒜末4克、葱花20克
制作过程		1. 将狗肉切2厘米大小的方块，待用 2. 将切好的狗肉，加米酒、盐、味精、山茶油、辣椒末、姜末、蒜末拌匀，腌制半小时，待用 3. 将腌制好的狗肉块拌上米粉，放入蒸笼，大火蒸约1小时，蒸至肉酥时取出待用 4. 用生菜垫底装盘，放上蒸好的狗肉块，撒上葱花即可
成品特点		祛寒滋补，美味可口，香味浓郁
制作关键		1. 狗肉块需要腌制入味 2. 需要用大汽蒸，时间为1小时，不可过生或过烂
营养分析		中医认为：狗肉味甘、性温、咸，有温补脾胃、补肾助阳、壮力气、补血脉的功效

笋干鸡蛋煲

菜　　别：热菜
品尝地点：衢州市常山县
获奖单位：常山县万金滩休闲农庄

菜点说明

笋干鸡蛋（肉圆）煲是常山县万金滩休闲农庄结合当地的乡味特色原料和当地人的口味需求而开发设计的一道创新菜品。将笋干、鸡蛋、猪肉3种鲜味有机地融合，创造出一种让人无法忘怀的"儿时味道"。

菜谱解析

烹调方法：炖　　　风　　味：衢州

原　料	主料	土鸡蛋（约250克）、冬笋干100克、肉末200克
	辅料	无
	调料	盐3克、味精2克、豆瓣酱4克、蒜子2克、姜末5克、干辣椒2克、绍酒10克、酱油5克、青蒜末3克
制作过程		1. 将笋干用冷水泡60分钟后洗净切丝，待用 2. 将土鸡蛋煮熟去壳，待用 3. 将肉末加盐、绍酒（5克）、姜末（2克）、酱油搅拌起劲后捏成肉圆，入六成热油锅中炸至定型，待用 3. 取一砂锅，将笋干丝放入砂锅底下，加入炸定型的肉圆，再放入去壳的鸡蛋 4. 在锅中放入少许油，加豆瓣酱、蒜子、姜末（3克）、干辣椒煸香，加绍酒（5克）、味精，加入1000克水，烧开后倒入砂锅内，炖30分钟后撒上青蒜末即可
成品特点		香辣可口，味道鲜美
制作关键		1. 笋干浸泡时间要控制到位，不宜太久 2. 完整的鸡蛋不易入味，可以在鸡蛋的外表用牙签扎上几个小孔，便于入味
营养分析		中医认为：冬笋味甘、性微寒，具有滋阴凉血、和中润肠、清热化痰、解渴除烦、清热益气、利膈爽胃、利尿通便、解毒透疹、养肝明目、消食之功效

╬珍宝桂花香╬

菜　　别：点心
品尝地点：衢州市衢江区
获奖单位：衢江区古枫休闲农庄

菜点说明

　　桂花饼是衢北农村一种民间特色糕点，源于清代，至今已有一百多年历史，流传至今深受当地人喜爱。每年桂花飘香时节，走进杜泽镇，就会被桂花饼浓郁香甜的气味所包围。桂花饼的做法和用料都十分考究，首先是选用上好的白面粉、优质麦芽糖及上好的桂花干，再进行制皮、做馅、成形、上麻、烤制等工序，传统的桂花饼是放在吊炉烤制的，全过程手工精制而成。

　　刚出炉的桂花饼形状像"馒头"，看似紧实饱满却里面是空心，一口咬下甜味香味顿时传来，沾满芝麻的皮面焦脆，齿颊间一下子溢满了桂花香，久久不散，所有品尝过桂花饼的食客，都对这甜而不腻的美食赞不绝口！桂花饼现已被评为衢州"非物质文化遗产"。

菜谱解析

- 烹调方法：烤
- 风　　味：衢州

原　料	主料	白面粉500克
	辅料	麦芽糖50克、桂花干20克
	调料	盐2克
制作过程	1. 用冷水将桂花干泡10分钟，然后沥干水分，待用 2. 将面粉加水、桂花、麦芽糖，揉成面团，待用 3. 把面团搓成条状，用刀均匀切成小团，用擀面棍压成0.5厘米厚的饼状，待用 4. 将做好的桂花饼，放在吊炉内烤制成熟，取出装盘即可	
成品特点	色泽诱人，香甜适口	
制作关键	1. 桂花选料要好 2. 面团揉面要充分	
营养分析	中医认为：桂花性温味辛，具有健胃、化痰、生津、散痰、平肝之功效	

❳猪脚绣花针❲

🍴 菜　　别：热菜
📍 品尝地点：衢州市衢江区
🏛 获奖单位：衢江区清风居休闲山庄

典故由来

　　"猪脚绣花针"，这个乍一听有些奇特的美食名字，其实来源于一个非常感人的爱情故事。

　　相传在唐代，位于现在的紫薇山下有一户富贵人家，家中的公子娶亲后多年都未生得一儿半女。当时，娶妻生子繁衍子嗣是十分重要的事情，这家人的异常引得周围村民议论纷纷，家中长辈也颇有不满，便要求公子再娶一房延续香火。可是这户人家的公子也是一位情深之人，而且夫妻两人感情甚好，丈夫不愿再娶，父母知道后气得卧病在床。"不孝有三，无后为大"，夫妻二人也不忍父母伤心过度，于是每天亲自上山采药，希望能够调理好身体生得一儿半女。

　　某日他们在山中，碰见一位陌生的采药人，只见他一边采草药一边亲自食用草药，夫妻俩不由觉得遇见了高人。于是虚心向采药人求教，采药人听闻他们的故事后，给了他们一把刚采的当地常见的草药，让他们拿回去炖着吃，不久之后必有好消息。夫妻二人谢过采药人，欢喜地回到了家里，妻子迫不及待地冲进厨房，见锅里刚好炖着准备给卧病在床的父母进补的猪脚，于是她便将药材放了进去，待煮熟之后就将草药取出吃掉，猪脚则留给生病的父母。没承想坚持吃了一段时间以后，妻子就传来了怀孕的喜讯。卧病在床的公婆听闻后心中大喜，也渐渐能起床走动好了起来。

菜谱解析

烹调方法：烧

风　　味：衢州

原　料	主料	猪脚500克
	辅料	绣花针60克、大枣5克、枸杞5克
	调料	葱15克、姜10克、盐3克、味精2克
制作过程	1. 将猪脚清洗干净，切成4厘米长的块，待用 2. 锅中加水，放入猪脚焯水，待用 3. 将砂锅置火上，加入清水，放入猪脚。汤烧开后，放入绣花针、大枣、枸杞、葱、姜，用小火炖2小时，加盐调味即可	
成品特点	酥而不烂，汤清味鲜	
制作关键	1. 猪脚焯水要透，否则汤不清，味不佳 2. 猪脚不能煮烂，火候到位即可	
营养分析	中医认为：猪爪味甘咸，性平，具有补血、通乳、托疮之功效，可治妇人乳少、痈疽、疮毒。《随息居饮食谱》谓其可"填肾精而健腰脚，滋胃液以滑皮肤，长肌肉可愈漏疡，助血脉能充乳汁，较肉尤补"	

第二节
水之灵

{何田清水鱼}

菜　　别：热菜
品尝地点：衢州市开化县
获奖单位：开化县田畈鱼庄

菜点说明

相传明代时，养殖清水鱼已在开化民间蔚然成风。当地老百姓有句口头禅："山坞里，没好菜，抓条活鱼把客待。"俗话说"春鱼秋蟹"，鱼儿经过一个冬天的休养生息，每年开春，开化清水鱼最肥美鲜嫩的季节也就到了，这时节烹制出来的开化清水鱼，肉质雪白晶莹，焕发着羊脂玉般的光泽，夹起一片轻薄透亮，入口鲜美无比。

菜谱解析

烹调方法：烧

风　　味：衢州

原　料	主料	清水鱼750克
	辅料	紫苏20克、青蒜3克、生姜3克、青红椒各3克
	调料	盐2克、味精1克、茶油15克、猪油5克、啤酒45克、山泉水1000克
制作过程		1. 将新鲜活鱼宰杀、洗净，从鱼背开始等距横切8刀至鱼尾椎骨处（勿切断，保持整条鱼的外形完整），待用 2. 生姜切片；青红椒切成丝；青蒜切成小段，待用 3. 将炒锅置于火上，放入茶油，烧到四成热时，放入生姜、鱼、啤酒、猪油，加入山泉水，大火煮8分钟，至鱼肉呈白色后，放入盐、紫苏再煮1分钟，最后加入味精、青红椒丝，起锅装盘即可
成品特点		鱼肉爽口嫩滑，汤汁鲜味绵长
制作关键		1. 把握好火候，用大火烧制 2. 盛装要注意保持鱼的完整度
营养分析		中医认为：清水鱼性温味甘，常食用具有截疟、祛风、活痹、平肝的作用

❀开化青蛳❀

菜　　别：热菜
品尝地点：衢州市开化县
获奖单位：开化县金凤凰农庄

菜点说明

　　开化青蛳又称清水螺蛳，是浙江省开化县传统的地方名吃。它和一般的螺蛳不同，黑色细长的外壳，里面是灰绿色的鲜肉。长在钱江源源头开化地区的溪水等活水中的螺蛳，因为泥少干净，被当地人称为清水螺蛳。

　　开化青蛳是我国传统水产品，因其肉质鲜嫩可口、风味独特、营养丰富，在我国素有盘中明珠之美誉。青蛳对水质要求很高，一般不能人工养殖。

菜谱解析

烹调方法：炒

风　　味：衢州

原　　料	主料	青蛳500克
	辅料	青红椒各20克、紫苏5克、生姜5克、蒜子3克、葱5克
	调料	菜籽油15克、盐3克、生抽3克、绍酒5克
制作过程		1. 将青蛳剪尾，洗净；青、红椒切菱形；生姜、蒜子切丁；葱切成0.5厘米的小段，待用 2. 将锅烧热后倒入菜籽油，加热至五成热后，倒入青蛳翻炒片刻，加入生姜、大蒜、紫苏、盐继续翻炒，再沿着锅沿一圈烹入绍酒，加清水煮开后，放入生抽、青红椒略烧，撒上葱段出锅装盘
成品特点		口感清爽入味，鲜美无比
制作关键		1. 浸泡螺蛳的时间要恰当，使其吐尽泥沙 2. 掌握好烧制的时间，不能烧得过老
营养分析		中医认为：青蛳肉，味甘、咸、无毒，有清热、解毒、利湿、退黄、消肿、养肝等作用

第九篇

乡味舟山

XIANGWEI
ZHEJIANG

第一章

寻觅"乡味舟山"

第一节 起源与发展

　　舟山市位于浙江省东北部，东临东海、西靠杭州湾、北面上海市，是长江流域和长江三角洲对外开放的海上门户和通道。舟山是我国第一个以群岛建制的地级市，舟山群岛新区也是我国第一个国家级群岛新区。舟山是海岛丘陵区，属于亚热带季风气候。

　　舟山现今已发展成为一座海洋文化名城、海上花园城市、中国优秀旅游城市、国家级卫生城市。舟山是中国最大的海产品生产、加工、销售基地，舟山渔场是我国最大渔场，素有"东海鱼仓"和"海鲜之都"之称。舟山文化属于吴越文化，舟山人属江浙民系，因海而生、因海而兴，在漫长的历史长河中，在长期的生产、生活中，舟山人兴渔盐之利，行舟楫之便，创造了独具特色的舟山海洋文化和舟山农家菜。

　　舟山农家菜源远流长，早在5000年前，就有先民在舟山的海岛上繁衍生息，马岙"洋坦墩"遗址出土的带有稻谷痕迹的陶片就是最好的证明。而日本学者认为日本的水稻栽培技术很可能是经由舟山传入日本的。

　　舟山农家菜随着社会文化的发展而发展。几千年的繁衍生息，创造了光辉灿烂的"海岛河姆渡文化"。在舟山的新石器时代遗址中发现了很多河姆渡文化时期的器物，有陶鼎、陶盆、陶杯等，这些都是食用器皿。器形中最为硕大的陶盆，并非个体家庭所用，由此可以推断出当时人类仍处于氏族群居阶段。

　　岱山县岱山海盐经过传统精湛的滩晒工艺制得的"岱盐"，素有"洁白、粒细、鲜嫩、营养"四大品质，在浙江省内外享有一定的声誉。岱山盐区生产"岱山海盐"历史久远，拥有优越独特的海岛自然环境，据《岱山县志》记载，自宋朝以来，岱山就以使用刮泥淋卤之法生产食盐。"岱山海盐"为清朝贡盐，清代中前期，岱山盐民又采用煎煮法制盐；嘉庆年

岱山海盐

间，岱山盐民王金邦更是首创木板晒盐法，在各地广为推广。

随着改革开放不断深化，舟山农家菜得到了迅速发展。例如，定海区出现了东来顺生煎。东来顺生煎主打单面煎生煎包，馅料独到，形态饱满，金黄诱人，上半部有黄澄澄的芝麻和碧绿的葱花，松软适口，下半部包底金黄脆香；馅心鲜嫩适口，酱香浓郁，肉馅鲜嫩，稍带卤汁。除生煎之外，店里还有特色豆浆、豆腐脑、小馄饨、银耳汤、绿豆汤等，都是舟山食客们早餐必点。

舟山农家菜5道

第二节 分布及特色

舟山对外经营的农家菜主要分布在舟山市下辖2个市辖区（定海区、普陀区）、2个县（岱山县、嵊泗县），以农家乐为供应点。

舟山人将渔家菜与渔文化进行了有机的结合。舟山的"乡味"主要分布如下：

❶ 定海区马岙镇马岙村
——现代休闲农业

浙江省农家乐示范村、舟山市旅游文化特色示范村。

该村位于舟山市定海区马岙镇，村内风景秀丽，文物古迹遍布，为浙江省历史文化保护区。据考证马岙是舟山文明的发祥地和中日文化传播的中继地，境内出土了大量新石器时代至宋元时期的珍贵文物，被誉为"千岛第一村""海上文物之乡"。村里不仅有青山绿水、静谧山林、繁华街道、林立商铺，还有现代休闲农业、乡村田野风光和现代化休闲广场。

马岙村

❷ 舟山市普陀区桃花镇塔湾村
——渔家乐、拉渔网、驾船出海

浙江省农家乐示范村、省级旅游特色示范村。

塔湾村地处桃花岛的东南部，位于舟山第一高峰安期峰的东麓，在国家AAAA级景区的核心部位。村内有塔湾金沙、安期峰、桃花峪（桃花寨）三大景区和众多的渔家乐宾馆。

该村是集休闲、度假、娱乐、餐饮、住宿、购物于一体的渔家风情村落。塔湾渔家乐背靠奇峰高耸、风景如画的安期峰景区，面向撩人情思的塔湾金沙景区，奇石林立、惟妙惟肖的桃花峪景区又与其深情相望，身处其中，让人仿佛觉得不是在纷纷扰扰的人世间，而是在时空交错的山水画卷之中。

游客可根据自身需求选择不同的用餐、住宿环境，体验渔家乐的舒适、温馨，领略吹海风、赏海景、吃海鲜的逍遥自在。在岛上渔民的带领下，游客可以驾船出海、拉渔网、放蟹笼、吹海风、吃海鲜，真正体验海岛渔民的出海作业，感受渔民捕捞收获的喜悦。

塔湾村

❸ 嵊泗县菜园镇高场湾村
—— 拖网捕鱼、海上垂钓、蟹笼捕蟹

浙江省农家乐示范村。

高场湾村隶属于舟山市嵊泗县菜园镇，位于浙江泗礁本岛的中西部。菜园镇在每年8、9月份，推出"相亲相爱"邻里文化月，举办"斗渔绳""织渔网"比赛和"钻石婚"庆典等系列文化活动。

嵊泗钓鱼台旅游景点（原嵊泗县墨鱼鲞加工基地，地处青沙社区西北隅与李柱山港一衣带山）集原始、自然、古朴、渔趣于一体，是大众休闲游钓、旅游观光、户外有氧健身活动的好去处。景点可以提供沿岸钓鱼、海钓渔具出租、特色渔家饭、烧烤、茶吧等休闲活动。海上活动内容有：坐船拖网捕鱼、海上垂钓、蟹笼捕蟹、马朗山探险、美人礁拾螺、观海景、水上脚踏车。

此外，推荐舟山渔场和东福山岛。

舟山渔场目前已形成了围塘、浅海、滩涂、水库河流养殖并举的养殖新格局。初步建立了以大沙为主的万亩海水围塘养殖基地，以册子为主的河蟹养殖基地，以马目烟墩为主的泥螺养殖基地和以临城为主的淡水鱼养殖基地。养殖方式也从过去的粗放单养改变为现在的精准混养，品种多样，其中对虾、梭子蟹、毛蟹、青蟹、泥螺已成为舟山特色品种。

东福山岛位于舟山群岛的最东端，是东极岛风景区4个有人居住的岛屿中最东边的一个。相比热闹的庙子湖岛，这里有更迷人的山海风光和更纯粹的渔家风情，也是东极岛看日出的首选之地。东福山岛并不大，但因为轮渡班次有限，至少要在岛上住一晚。通常会在第一天中午到达东福山岛，解决住宿和午饭后轻装开始游玩。第二天一早，起来看祖国最东的海上日出，稍事休整后坐轮渡继续游玩庙子湖岛而后返程。

嵊泗县菜园镇高场湾村

舟山渔场

东福山岛

精选舟山菜品制作视频（微信扫码播放）：

白泉鹅拼

抱腌鲳鱼

冰糖鱼脑芒果汁

葱油梭子蟹

大烤墨鱼

带鱼冻

椒盐虎头鱼

鳗鲞烧肉

鮸鱼骨酱

舟山风鳗

舟山熏鱼

第一节
山之珍

鱼鲞燤肉

菜　　别：热菜

品尝地点：舟山市定海区

获奖单位：定海区青青世界

典故由来

20世纪60年代，定海老百姓经济收入都偏低，大多数妇女没有工作，靠结网和晒鲞贴补家用开销。当时，定海还没有冷库，海鲜外运又交通不便，除了腌咸货，只得制鲞。夏汛里最好晒"舟山白鲞"，几天晒下来，鲜鱼成鲞。

清早东方尚未露白，家家女儿早已出门，到鱼市场"厂"里去领鲜鲞，抬到"飞机场"后在竹笪或篾垫上晒，隔半个小时要翻一次，中午也不能回家，只能胡乱吃些冷饭填填肚子，管着自己的鲞。到太阳落山前，还要将晒得大半干的鲞收到篾簖里，交到"厂"里去。

鱼鲞燤肉原料是深水网箱养殖的黄鱼，其营养、味道媲美野生黄鱼。该菜经厨师精心烹调后深受食客青睐，是岱山渔家招牌菜之一。

菜谱解析

🍚 烹调方法：燀

🥄 风　　味：舟山

原　料	主料	黄鱼鲞400克
	辅料	五花肉100克、大蒜苗5克、红椒10克、生菜15克
	调料	生姜5克、生抽10克、绍酒200克、色拉油50克
制作过程		1. 将五花肉切成厚1厘米，长、宽各4厘米的块；黄鱼鲞也切成4厘米宽的块，待用 2. 锅中放入色拉油，五花肉入锅煸香，放入生姜、大蒜苗和红椒煸炒，烹入绍酒，用旺火烧开，再改用小火焖1分钟，之后放入鱼鲞与肉同烧20分钟后收汁 3. 盘中用生菜垫底，将收汁后的成菜出锅装盘，即可
成品特点		色泽红亮，口味浓郁
制作关键		1. 控制好火候，注意烧制的时间 2. 若黄鱼鲞比较硬，可以用高压锅压一下，增加其良好的口感
营养分析		黄鱼鲞含有丰富的蛋白质和维生素。中医认为：鱼鲞有健脾升胃、安神止痢、益气填精之功效，对人体有很好的补益作用

第二节
海之韵

青蟹糯米饭

菜　　别：热菜

品尝地点：舟山市岱山县

获奖单位：岱山县牧庄乐园

菜点说明

　　岱山靠海，盛产海鲜。当地居民经常出海打鱼，在海上作业期间，条件相对简单。为解决用餐问题，常常选用糯米与海鲜一起烹饪，虽做法相对简单，但是能够保持海鲜的原汁原味，同时糯米饭耐饥饿，是当地渔民在海上作业的优选食物。这种菜点合一的美食也深受食客的追捧。

菜谱解析

　　🍚 烹调方法：焗
　　🥘 风　　味：舟山

原　料	主料	青蟹400克、糯米150克
	辅料	青豆50克、香菇50克、虾米20克、新鲜玉米粒20克
	调料	盐2克、姜末5克、色拉油20克、生抽5克、绍酒2克、葱9克、蒜末5克
制作过程		1. 糯米浸泡3小时，沥干水分 2. 将虾米、香菇冷水涨发后切丁；青豆、玉米洗净后控干水分，待用；将青蟹宰杀洗净后，切块待用 3. 锅中下油烧热，将蒜末、姜末爆香，把青豆、香菇、虾米、玉米粒倒入锅中，煸炒出香味，加入清水及各种调料后烧沸 4. 将糯米和步骤3里的所有配料拌匀放进煲中，将切好块的螃蟹块放在上面 5. 将煲放在大火上烧开，转用中小火焖焗30分钟以上。食用时撒上葱花即可
成品特点		色泽诱人，糯米香软，菜点合一
制作关键		1. 糯米浸泡要充分，方能减少烹饪时间、而保持住蟹肉的鲜嫩口感 2. 控制好火候，先用大火烧开后改用中小火，方能使得糯米彻底成熟
营养分析		香软的糯米中融入了青蟹的鲜美，不仅味道好，还具有消积健脾、养心安神的食疗作用 中医认为：青蟹对身体有很好的滋补作用，具有壮腰补肾、消积健脾、养心安神之功效；糯米香黏软滑，具有补中益气，健脾养胃之功效。但螃蟹性味咸寒，对于经常手脚冰冷（特别是女性）、体质虚寒或是虚弱的人都不应多吃

{苔条黄鱼}

菜　　别：热菜
品尝地点：舟山市岱山县
获奖单位：岱山县牧庄乐园

菜点说明

　　黄鱼是舟山特产，历来是海岛人民餐桌上的美味，目前野生黄鱼已很稀少，但岱山的深水网箱养殖的黄鱼媲美野生黄鱼，做成各式菜肴深受广大食客的青睐。

　　苔条黄鱼以深水网箱养殖的黄鱼为原料，经厨师精心烹调而成，营养丰富、味道鲜美，是岱山牧庄乐园的招牌菜之一。

菜谱解析

烹调方法：炸

风　　味：舟山

原　　料	主料	黄鱼200克
	辅料	面粉150克、海苔15克
	调料	盐3克、绍酒15克、胡椒粉1克、香油8克、花生油1000克、发酵粉3克、葱花5克、五香粉2克
制作过程		1. 将黄鱼宰杀后取肉，洗净，切成5厘米长、1厘米宽的条，待用 2. 将鱼条放入碗内，加入绍酒、盐、葱花、胡椒粉，腌渍入味，待用 3. 在碗里放入面粉、海苔条末和清水，和匀成糊，待用 4. 将锅置旺火上，放入花生油，烧至五成热，改用微火。在苔条糊中拌入发酵粉。将鱼条逐条挂上糊，放入油锅中炸至外皮结壳，捞起。待油温升至六成热时倒入鱼条，复炸至深绿色，捞出，滤油 5. 将炸好的鱼条回锅，撒上葱花、五香粉，淋入香油，颠翻几下，出锅装盘即成
成品特点		形如蚕茧，丰实饱满，外层酥脆，内里松软
制作关键		1. 调糊时，轻轻和匀即可。若多搅会上劲，炸后外皮不酥 2. 鱼条一边炸一边捞出，要求色泽一致
营养分析		黄鱼含有丰富的蛋白质、微量元素和维生素。中医认为：黄鱼有健脾开胃、安神止痢、益气填精之功效，对人体有良好的补益作用

第十篇

乡味台州

XIANGWEI
ZHEJIANG

第一章

寻觅"乡味台州"

第一节 起源与发展

台州，浙江省省辖地级市，位于浙江省中部沿海，东濒东海，北靠绍兴市、宁波市，南邻温州市，西与金华市和丽水市毗邻。

台州历史悠久，5000年前就有先民在此生息繁衍。境域地势由西向东倾斜，南面以雁荡山为屏。台州东部沿海海岸线长达651公里，居山面海，平原丘陵相间，形成"七山一水二分田"的格局。台州以"佛、山、海、城、洞"五景最具特色，拥有国家重点风景名胜区天台山、长屿硐天和国家级历史文化名城临海，自古以"海上名山"著称。台州人属江浙民系，使用吴语。

台州农家菜源远流长，是台州饮食文化的重要组成部分。由于地理上的隔山阻海，历史上台州与外界社会交流匮乏，民风淳朴，得天独厚的东海又为台州菜提供了丰富新鲜的海鲜，使得台州农家菜的口味与特色独树一帜。独特的饮食文化，造就了别具一格的台州农家风味。

相传，古时候玉环渔民出海，由于海上环境所限，需要一种方便快捷的食品，于是智慧的人们根据生存需要制造出了米面，这就是玉环米面的由来。

清末，春夏之交时，玉环人们常常采乌饭嫩叶（俗称乌饭脑）捣汁，和糯米蒸捣，裹豆沙成卷，通常呈条片状，外沾松花，制成乌饭麻糍，色香味俱佳。

玉环米面

改革开放以来，台州农家菜的发展仅用了几十年的时间，便形成了知名的品牌菜式和饭店酒楼。例如：台州餐饮名店新荣记。

台州农家菜融合了山味之浓郁淳朴，海味之鲜美豁达，鲜香适口，小吃品种丰富，上得高端酒宴，下得市井排档。

台州农家菜以海鲜家烧和特色土菜见长。尤其是海鲜

乌饭麻糍

家烧，肉色饱满清新，汤汁香醇黄嫩，鲜香扑鼻，微甜微辣，各种口味融合拿捏得恰到好处，又不至于盖过海鲜原始的鲜甜本味。而特色土菜诸如豆腐年糕米线之类的寻常乡味，在台州也有迥异他乡的独特口味。

新荣记

台州农家菜5道

〖第二节〗 分布及特色

台州农家菜主要分布在各地的农家乐之中。台州在"十三五"期间，以天台后岸村和市内外先进村为榜样，培育"全省一流，台州领先"的台州市农家乐"典范村"37个，其中：黄岩、临海、温岭、天台、仙居各5个；椒江、路桥、玉环、三门各3个。

台州的"乡味"主要分布如下：

台州市农家乐

❶ 北洋镇长潭村
——胖头鱼、湖虾、溪鱼

长潭村位于台州市黄岩区西部，浙江省大型综合性水利工程——长潭水库东侧大坝脚下，依托水库，形成以农家美食、休闲观光为主的农家乐。

该村环境优美，青山环抱，植被茂盛，森林覆盖率高，可谓是"天然氧吧"。湖区4万余亩水面碧波荡漾，水质清冽，湖面宽广；湖中小岛星罗棋布，形态可掬；四周山体连绵起伏而不高耸。湖中盛产胖头鱼、湖虾、溪鱼等，肉质鲜美无污染，系淡水鱼中之上品。长潭胖头鱼、长潭蕃苕庆糕是长潭农家乐的当家美食。

北洋镇长潭村

❷ 赤城街道东升村
——磨豆腐、捣麻糍、挖笋

浙江省省级农家乐特色村。

东升村位于国家级重点风景名胜区——天台县国赤景区外围，东北邻国清寺、西同赤城景区接壤、南紧邻国赤旅游公路，距县城2公里，交通便捷。村内山峦叠翠，植被繁茂，风光秀丽，已成为城区居民和外地旅客来天台旅游的集散地，人居环境非常优越。

该村利用山塘、山岙、橘园、坡地等地理条件，依托便捷的交通，大力发展农家乐，特色鲜

赤城街道东升村

明、菜肴可口、价格合理、游客参与性强，已取得初步成效。游客可以做一日山里人，看山水风光，寻济公古迹，吃农家美味，住简朴农宅，干百姓农活，享千年佛韵。

东升村的主要特色是菜肴美味。该村农家乐以土鸡、野菜、溪鱼、土豆等为原料，有着浓郁的农家风味。杭州、上海等城市游客品尝了价廉物美的农家土菜，欣赏了天台山浓郁的风土人情后，赞不绝口，流连忘返。此外，游客在东升村既可以放松心情，还可以参与磨豆腐、捣麻糍、挖笋、水果采摘等饶有风趣的农事活动。

❸ 黄岩区富山乡半山村
——民宿、农家菜

浙江省省级农家乐特色村、台州市全面小康示范村。

半山村位于黄岩西部风景优美的富山大裂谷（是6000万年前花岗斑岩山体崩塌形成的现代冰缘地貌，山崩地裂地质遗迹）景区出口。海拔400余米，距黄岩城区约57公里，与温州永嘉楠溪江风景区相毗邻，境内群山起伏，云雾缭绕，风景秀丽，是理想的休闲度假胜地。

该村还投资建成了全区首个农家乐休闲旅游基地，从而带动了全村农家乐经济的发展。

富山乡半山村

精选台州菜品制作视频（微信扫码播放）：

熬三门青蟹

拌海螺

鲳鱼烧年糕

红烧水潺

米酒煮黄鱼

清汤（脆）望潮

水果拼盘

松花豆腐

杨梅原汁三黄鸡

炸烹跳跳鱼

第一节
山之珍

杨梅原汁三黄鸡

菜　　别：热菜

品尝地点：台州市仙居县

获奖单位：仙居县小山村农家乐

菜谱解析

🍲 烹调方法：炖

🥘 风　　味：台州

原　料	主料	仙居三黄鸡1600克
	辅料	仙居东魁杨梅4颗、农家猪脚尖120克、仙居腊肉50克、仔排50克
	调料	生姜、大蒜、洋葱、葱各80克，杨梅原汁200克，杨梅干红50克，绍酒80克，生抽15克，老抽5克，鸡汁10克，冰糖25克，蚝油10克
制作过程		1. 将三黄鸡改刀成八大块，仔排、猪脚尖、仙居腊肉分别切小块，将所有改刀的原料用冷水焯水，洗净后待用 2. 锅加热，加油，将生姜、大蒜子、洋葱、大葱入锅煸香后倒入大砂锅中 3. 砂锅中放入焯水过的仔排、猪脚尖、仙居腊肉，三黄鸡，投入生抽、蚝油、鸡汁、老抽、冰糖和400克水 4. 砂锅放置大火上，加热烧开后将调味汁浇淋于鸡身上，反复浇淋，直至上色。倒入杨梅干红、绍酒，用锡纸封口加盖，转小火焖制2小时后中火收浓汤汁。加入杨梅原汁和杨梅，再加盖焖烧3分钟即可上桌
成品特点		色泽红润，鲜香四溢，肉质酥嫩，鲜中透着酸甜果香
制作关键		掌握好火候及烧制时间
营养分析		中医认为：鸡肉有温中益气、补虚填精、健脾胃、活血脉、强筋骨之功效，杨梅有止渴、生津、助消化之功效

第二节
海之韵

﹃补肾王（海葵）﹄

菜　　别：热菜
品尝地点：台州市三门县
获奖单位：三门县在水一方

典故由来

民间有言："其貌猥琐泥里藏，一鼓作气似皮囊；休看外表不张扬，大补肾气有妙招"，故名"补肾王"。

三门当地人称海葵为沙蒜。海葵栖息在海涂下吞食泥沙，从中吸取营养物质，故全身满是泥沙，呈青黄色，因外形像蒜头而得名。浙江沿海一带海岸线绵长，适于海葵生长的海涂甚多。海葵有较强的补肾壮阳功效，是四季进补的佳品。

菜谱解析

烹调方法：煮

风　　味：台州

原　　料	主料	海葵200克
	辅料	青菜200克、红椒8克、胡萝卜100克
	调料	姜3克、蒜2克、盐2克、味精2克
制作过程		1. 将新鲜海葵洗净，用开水烫去除表皮杂质及腥味，待用 2. 将青菜取菜心洗净，底部插入胡萝卜丝，放入沸水锅中焯水，待用 3. 将海葵放入高压锅内，加盖煮5分钟，倒入锅中，加姜、蒜、盐、味精爆炒收汁，配上焯熟的青菜装盘，红椒切丁撒在海葵表面即可
成品特点		爽脆可口，味道独特，营养丰富
制作关键		1. 高压锅内煮制的时间不可过长 2. 青菜焯水时控制好成熟度，断生即可
营养分析		海葵富含多种维生素、矿物质，营养丰富，素有"补肾大王"之美誉

抗倭糟羹

菜　　别：点心
品尝地点：台州市三门县
获奖单位：三门县在水一方

典故由来

相传，戚继光在三门湾抗击倭寇时，被倭寇围城。城里粮食紧缺，戚将军下令，将城内的米粉和剁细的菜羹收集在一起，放在锅里煮成汤状，以延长军粮供应时间。之后这道菜就慢慢在民间流传开来，延续至今。

抗倭糟羹由三门特色小海鲜与蔬菜搭配烹制而成，老少皆宜。

菜谱解析

烹调方法：煮　　风　　味：台州

原　　料	主料	贝壳500克
	辅料	豆腐干50克、香菇10克、芥菜30克
	调料	盐10克、味精3克、葛根粉8克、葱5克
制作过程		1. 将贝壳用冷水煮开后捞出，待冷却后切丁。贝壳原汤沉淀后待用 2. 将芥菜用沸水锅焯水后切成1厘米长的段；将豆腐干和香菇切成丁；将葱切成葱花待用 3. 将炒锅烧热用油滑锅，倒入贝壳肉丁爆香，加入原汤烧开，放入切好的豆腐干、香菇和芥菜，然后加入葱花，用葛根粉勾芡，出锅即可
成品特点		配料巧妙，口感鲜美
制作关键		1. 勾芡的浓稠度要适宜，搅拌均匀 2. 注意火候
营养分析		贝壳富含多种微量元素，易于消化吸收。中医认为：食用贝类有助于预防哮喘病的发生、复发，减轻哮喘病的症状

青衫将（三门青蟹）

菜　　别：热菜
品尝地点：台州市三门县
获奖单位：三门县在水一方

　　本菜取名源于三门青蟹鲜活的青色与成熟后的红色，由此联想到青衫和红脸的关云长，他的义薄云天家喻户晓。有诗为证："生前青衣花旦，死后红脸关公。在世功夫扬名，百年仗义盖功"。

　　民间有虾兵蟹将的说法，故将此菜命名为"青衫将"。

菜谱解析

🍚 烹调方法：煮
🍲 风　　味：台州

原　　料	主料	三门青蟹500克
	调料	绍酒10克、姜片5克
制作过程		1. 将青蟹洗净，宰杀后待用 2. 将锅中加水（不覆没青蟹），放姜片和绍酒，青蟹背朝下放锅里面煮熟，捞出装盘即可
成品特点		肉质细嫩，鲜美可口
制作关键		1. 掌握好青蟹煮制的时间 2. 根据青蟹的量确定水的用量
营养分析		青蟹含高蛋白、低脂肪，含有18种氨基酸，药用价值高 中医认为：青蟹可治疥癣、皮炎、湿热、产后血闭，利于消水肿、祛斑美容、滋阴壮阳

石塘鱼羹

菜　　别：热菜
品尝地点：温岭市
获奖单位：温岭市石塘半岛民宿联盟

菜点说明

　　数百年前石塘人从福建惠安等地移民而来，延续了先人捕鱼技巧。几乎家家户户都是"讨海人"，以海为生，自然衍生出靠海吃海的饮食文化。男人们在海上捕鱼，巧妇们在家做饭做菜，创造了鱼羹等名字朴素、内在丰韵的美食。

　　海边渔民嫌食材太鲜，尝试使用红薯粉搭配，想不到口感特别好，口味让绝大多数人更加喜欢。该菜因此成为当地餐桌上离不开的一道美食。

菜谱解析

烹调方法：烧　　　风　　味：台州

原　　料	主料	鲳鱼300克
	辅料	芹菜30克、红椒7克
	调料	葱6克、姜3克、蒜4克、酱油10克、盐3克、红薯粉5克
制作过程		1. 将鱼洗净，切成块，待用 2. 将鱼块用葱、姜、蒜、酱油和盐腌渍10分钟，然后加入红薯粉上浆，待用 3. 将芹菜切成段，红椒和葱切成丝 4. 锅中加汤，烧开后倒入鱼块，加入芹菜段，烧熟后出锅装盘，撒上葱丝和红椒丝即可
成品特点		口感俱佳，营养丰富
制作关键		1. 腌制要入味 2. 在烧制过程中，鱼肉不能碎
营养分析		石塘鱼羹将鱼肉和芹菜进行了搭配，营养丰富，口感特佳。该菜适合大多数人群，尤其是心脑血管病人

四海飘绿（海鲜羹）

菜　　别：汤羹
品尝地点：台州市三门县
获奖单位：三门县在水一方

菜点说明

　　三门以出产各类小海鲜而闻名，是中国小海鲜之乡。有言道："三门海鲜大荟萃，东海海味入君口；生猛仗义同一锅，四海飘绿全家亲"。

　　以三门蛤蜊等海鲜为原料制成的"四海飘绿"海鲜羹深受欢迎，此羹也是第六届农家乐特色菜大赛获奖菜品。

菜谱解析

　　🍚 烹调方法：烧
　　🍳 风　　味：台州

原　　料	主料	蛤蜊80克
	辅料	虾仁30克、蟹柳30克、鱿鱼丝30克、菠菜200克
	调料	生粉10克、蛋清20克、盐3克、色拉油1000克
制作过程		1. 将蛤蜊、虾仁、蟹柳、鱿鱼丝焯水后取出肉，原汤沉淀，待用 2. 将菠菜榨汁，放入生粉、蛋清，制成菠菜泥待用 3. 滑锅后，倒入色拉油，菠菜泥下入油锅中滑熟成型，用清水冲洗后，待用 4. 锅中加入海鲜原汤烧开，倒入虾仁、蟹柳、鱿鱼丝及菠菜粒，放入调味品调味，勾芡后出锅装盆即可
成品特点		□味鲜香，□感爽滑
制作关键		1. 制作菠菜粒时，要控制好加入的淀粉量 2. 勾芡到位，控制好芡汁的浓度
营养分析		蛤肉富含糖类、蛋白质、脂肪和无机盐。中医认为：蛤蜊肉有滋阴明目、软坚、化痰之功效，有益精润脏的作用

跳跃哥（跳跳鱼）

菜　　别：热菜
品尝地点：台州市三门县
获奖单位：三门县在水一方

215

典故由来

有言道："一方汪洋三面海，三丈空间任我踩。百日时间尚属浅，竹筒里面变大钱。"这正是对跳跳鱼的描述。跳跳鱼是鱼类中的跳跃天才，一生很多时间不是在水里度过，而是在浅海滩涂上不停跳跃。它的腹鳍可作吸盘，跳跃上树都是它的特有本领。当地渔民捕获跳跳鱼的方法，除了央视播出的直接垂钓法外，还有一种就是在滩涂里插入竹筒捕捉。

跳跃哥（跳跳鱼）这道菜正是以跳跳鱼为主料制作而成。

菜谱解析

烹调方法：焖

风　　味：台州

原　料	主料	跳跳鱼500克
	辅料	葱20克
	调料	姜15克、红椒8克、绍酒5克、盐10克
制作过程		1. 将跳跳鱼洗净，放入沸水中去除腥味后待用 2. 将葱（10克）和红椒切成丝；将葱（10克）切段，姜切片 3. 锅洗净滑锅，倒入跳跳鱼，放入葱、姜片煸炒，烹入绍酒，小火焖熟，出锅装盘，撒上葱丝和红椒丝，淋上热油，即可
成品特点		鲜美细嫩，爽滑可口
制作关键		需要保持跳跳鱼的形整不破
营养分析		跳跳鱼含有极丰富的蛋白质和脂肪，能够强身健体，有"海上人参"之称

乡味丽水

XIANGWEI
ZHEJIANG

第一章

寻觅"乡味丽水"

 **起源与发展**

　　丽水，古称处州，始建于隋开皇九年，迄今已有1400多年历史，浙江省辖陆地面积最大的地级市。位于浙江省西南部，地势以中山、丘陵地貌为主，由西南向东北倾斜。景宁县是中国唯一的畲族自治县。境内海拔1000米以上的山峰有3573座。生态环境质量浙江省第一、中国前列，生态环境质量公众满意度继续位居浙江省首位。对外开放旅游点68个，其中国家AAAA级旅游景区12家。

　　丽水逐渐形成了以山水观光和畲乡文化、侨乡文化、剑瓷文化、黄帝文化、摄影文化为主要载体的特色文化旅游产品。拥有世界灌溉工程遗产1处，国家级文物保护单位6处，省级文物保护单位34处，市级文物保护单位120处，省级历史文化名城9处，省级历史文化保护区9处。

　　丽水农家擅长烹制生态美食，丽水农家菜源于丽水文化与环境的结合。"浙江绿谷，秀丽山水"是人们对丽水的美称。莲都被列为全国水果百强县（区）和中国椪柑之乡，庆元、景宁被评为中国香菇之乡。

　　北宋末年，为了纪念为民清、为民富的农民起义领袖陈希卢，处州人烹制了一道稀卤螟蜅来纪念他。稀卤螟蜅谐音双关希卢和民富。久而久之，稀卤螟蜅直接演变成菜谱稀卤鱿鱼而一举成名。

浙江绿谷

村民在秋冬之际，好吃火锅。吃火锅是"合家欢"大团圆传统思想的体现，也是中国哲学中和合的体现。丽水的咸菜火锅、鱼头火锅都很有特色，尤其龙泉安仁鱼头火锅，负有盛名。当地人喜欢用紫苏与花鲢鱼头一起烹制，既可杀腥、去毒，又香气扑鼻，能增长食欲。丽水也有许多独特的乡野食俗。盛夏时节，几乎每家每户以及所有的酒店、排档都少不了知了，可谓是"无蝉不成宴"。景宁的东坑一带有着吃由蕨菜、水芹菜、鱼腥草等野菜及用辣椒、萝卜、芋头、鲜笋和姜等做成的各种腌咸菜的习惯，常用品种多达几十种的"咸菜宴"还用来招待客人。

秀山丽水，养生福地。丽水人懂得养生，讲究"医食同道""医食同源"，认为大部分食物都可入药，民谚有"冬吃萝卜夏吃姜，不用医生开药方"之说。松阳歇力茶上鸡就是一道家喻户晓的养生菜。歇力茶是松阳民间的一种草药，具有祛风除湿、增强体魄、养生保健的功效。

经广大烹饪工作者悉心研究、发掘和开拓，丽水形成了别具一格的特色饮食文化，"处州农家菜"体系日渐形成。

丽水农家菜5道

{第二节} 分布及特色

　　丽水农家菜由两个流派构成，其中有莲都、青田、云和、缙云县的特色风味菜点、小吃组成的流派，以保持主料的本色和原味为特点。另一个是由遂昌、景宁、龙泉、庆元、松阳的风味特色小吃组成的流派，其特点是注重调味，制作菜肴常用紫苏、辣椒等佐料，口味厚重、辣味突出，取料以食用菌、野菜、野味为主。

　　丽水的"乡味"主要分布如下：

❶ 兰巨乡炉岙村——土鸡、土鸭、野猪肉

　　炉岙村坐落在凤阳山保护区境内，海拔1300米，四周绿树环抱，竹林葱郁，空气清新，紧邻龙泉山景区，属亚热带季风气候区，与云贵高原相似，形成了高原村海、高山草甸、云岭雾凇等众多高原特有的自然景观，使炉岙村成为中国南方少有的既有原始森林，又有高原气候和环境的旅游休闲度假村，天然的农家乐避暑胜地。

炉岙山庄

　　炉岙村农家菜以本地土鸡、土鸭、野猪肉及自制豆腐、泥鳅火锅、高山田螺、高山蔬菜为主，因炉岙系中国香菇之源，食用菌类鲜食也很具风味。炉岙在瓯江之源，原生态山坑节斑鱼、瓯江彩鲤等鱼虾类食品鲜味可口。山珍野菜、绿色食品也深受游客欢迎。这里的农副土特产丰富，消费项目价格公道便宜，冬笋、春笋、笋干、高山茶叶、香菇、山珍果等家家都有出售，农庄旅游景点全部免费开放。

❷ 缙云县东渡镇堰头村——自然野味、农家果蔬、家禽畜肉

　　丽水市生态文明村、丽水十大美丽生态村、丽水市文化名村、丽水市十大养生长寿村。

　　堰头村位于莲都区碧湖镇的最南端，松荫溪畔，距丽水市区25公里，50省道沿村而过，瓯江和松荫溪在此汇合，全村总面积25平方公里，有耕地面积711亩，村里主要经济收入靠农家乐、茶叶、山茶油和果蔬种植。村内青山环抱，古樟成群，小桥流水，绿树成荫，依山傍水，翠竹簇拥，空气清新自然，自然风光十分优美，文化底蕴深厚，是丽水

莲都区碧湖镇堰头村

"古堰画乡"的核心区块。

该村有农家乐20余家，提供野味、农家果蔬、家禽畜肉和小溪鱼虾等特色美食，味道鲜美。

❸ 缙云县笋川村
——溪鱼、缙云敲肉羹、干菜豆腐

省级农家乐特色村。

笋川村位于缙云县城东北，与国家AAAA级风景区仙都鼎湖峰仅一水之隔。仙都笋川村农户依托景区优势，大力发展农家乐。溪鱼、缙云敲肉羹、干菜豆腐等农家土菜名声在外。

笋川村

❹ 景宁畲族自治县英川镇——田螺、食用菌、粉皮

英川镇位于浙江省景宁畲族自治县西南山区，距县城63公里。东接沙湾镇，北倚葛山乡，南与庆元县百山祖镇毗邻，西和北与龙泉市交界。属高山丘陵地区，地势自西南向东北倾斜。山峦叠嶂、群峰林立、高耸入云，平均海拔1100米左右。气候属中亚热带季风气候，温暖湿润，雨量充沛，四季分明。

独特的自然资源和人文底蕴让这个地处偏远的小镇向世人展示了它在美食方面独有的魅力。英川美食有粉皮、板栗、高山蜜梨、薄壳田螺、田鲤鱼、南瓜籽等绿色食品。其中，"英川粉皮"已成为景宁甚至丽水一带家喻户晓的美食。英川粉皮物美价廉，配备各种不同口味的汤汁，比如海鲜汤、酸菜汤、肉丝汤、豆腐娘等，食客可以根据自己的喜好选择。粉皮配料有季节菜、动物肉、海鲜、菌类、笋类等，撒在刚蒸出的粉皮上，味道相得益彰。当地家家户户春节前还会制作粉皮干，作为待客之用。

英川镇

此外，丽水的特色美食有：

莲都美食：爆炒知了。

知了，学名为蝉，又名知了猴、知了龟等。吃知了是丽水一带的习俗，通常做法是先要去掉知了的头、尾和翅膀，再用清水冲刷，接下去便是根据自己喜好进行烹饪。知了是丽水美食界的"王牌"。

缙云美食：缙云茭白。

茭白是缙云县的特产。缙云县大洋、前路、壶镇等乡镇凭借独特的气候优势，所产茭白鲜嫩脆口、质优味美，逐渐在省内外市场打响了品牌。缙云共有茭白种植面积3.6万亩，是全省主要的茭白产区。缙云茭白在种植规模和多模式应用等方面，都走在了全市前列。

龙泉美食：龙泉香菇。

龙泉是世界香菇发源地之一，自然条件十分优越，所产椴木香菇、袋料香菇质地优厚、菇形圆整、色泽纯正、香气浓郁、味道鲜美，深受客户的欢迎。

丽水特产4种

精选丽水菜品制作视频（微信扫码播放）：

工头大肉

贡品畲菇

红烧知了

丽水泡精肉

卤牛肉

稀卤蜈蝴

新派安仁鱼头

盐水毛豆

英川粉皮

第十一篇·乡味丽水

第一节
山之珍

﹃茶汁清明果﹄

菜　　别：点心
品尝地点：丽水市松阳县
获奖单位：松阳县知青公社

典故由来

　　传说有一年清明节，太平天国李秀成得力大将陈太平被清兵追捕，附近耕田的一位农民上前帮忙，将陈太平化装成农民模样，与自己一起耕地。没有抓到陈太平，清兵并未善罢甘休，于是在村里添兵设岗，每一个出村人都要接受检查，防止他们给陈太平带吃的东西。

　　那位农民在思索带什么东西给陈太平吃时，走出门一脚踩在一丛艾草上，滑了一跤，爬起来时只见手上、膝盖上都染上了绿莹莹的颜色。他顿时计上心头，连忙采了些艾草回家洗净煮烂挤汁，揉进糯米粉内，做成一只只米团子。然后把青溜溜的团子放在青草里，混过村口的哨兵。陈太平吃了青团，觉得又香又糯且不粘牙。天黑后，他绕过清兵哨卡安全返回大本营。后来，李秀成下令太平军都要学会做青团，以御敌自保。吃青团的习俗就此流传开。

菜谱解析

◯ 烹调方法：蒸
🍃 风　　味：丽水

原　料	主料	粳米1000克、糯米1000克
	辅料	艾蒿800克、茶叶100克、笋丝500克、粉丝300克、豆腐300克、咸菜200克
	调料	盐10克、味精10克、色拉油30克

制作过程	1. 把艾叶、茶叶煮烂后连同汁液与糯米粉、大米粉按一定比例和匀，作皮 2. 将锅烧热，下油，倒入笋丝、粉丝、豆腐、咸菜炒熟，调味后成馅料 3. 皮内包入笋丝、粉丝、豆腐、咸菜馅料（或用赤豆、芝麻末等甜味馅料），捏成椭圆果状或饺子形状，两面贴上箬叶或柚子叶 4. 放入锅中蒸制成熟即可
成品特点	色泽翠绿，味道清新且带艾草香
制作关键	1. 和皮时注意加水的量，皮的软硬度要适中，大小、厚薄要一致 2. 掌握好蒸的时间和火候。蒸太久清明果就会很硬；蒸的时间太短，清明果又会太软太黏
营养分析	清明果富含碳水化合物，有清凉解毒的功效。艾草性味苦、辛、温，入脾、肝、肾。艾草特殊的气味同时也具有一定的作用。李时珍《本草纲目》记载：艾以叶入药，性温、味苦、无毒、纯阳之性、通十二经、具回阳、理气血、逐湿寒、止血安胎等功效，亦常用于针灸

豆腐娘

菜　　别：热菜
品尝地点：丽水市景宁县
获奖单位：景宁县听泉山庄

典故由来

　　古时畲家，磨起豆腐娘，炊起赤豆饭，炖起土猪脚，端出糯米酒，是畲家人接待贵宾的最高礼仪。

菜谱解析

烹调方法：煮　　风　　味：丽水

原　料	主料	新鲜嫩豆750克
	辅料	无
	调料	葱5克、姜2克、盐2克、酱油3克、麻油3克、菜籽油3克
制作过程		1. 将新鲜的嫩豆清洗干净，倒入石磨中，磨成豆糊（不用过滤） 2. 锅洗净后倒入1：1左右的水，再把豆糊倒入锅中煮熟 3. 锅中加入菜籽油，烧热加入姜、葱煸香，倒入煮熟的豆腐娘，以及麻油、盐、酱油进行调味，即可
成品特点		嫩而不滑，糊而不腻，鲜香扑鼻
制作关键		1. 当年的嫩豆是首选，味道特别鲜美，上年的老豆子次之，陈年的豆子就略差些 2. 控制好煮制的火候、加热的时间
营养分析		大豆含有多量脂肪，并且为不饱和脂肪酸，尤其以亚麻酸含量最丰富，这对于预防动脉硬化有很大作用。大豆中还含有约1.5％的磷脂，磷脂是构成细胞的基本成分，对维持人的神经、肝脏、骨骼及皮肤的健康均有重要作用

﹛独峰笋衣﹜

菜　　别：热菜
品尝地点：丽水市缙云县
获奖单位：缙云县三松大院

菜点说明

　　缙云地处浙东南山区，在高山上，几乎每家都有竹林，一年四季农家都有笋干出售，笋衣烧肉选用上等笋衣和农家猪肉为主料，原是为满足农妇坐月子、款待上宾及过年用的，是一道地道的缙云民间菜。

菜谱解析

🍴 烹调方法：烧

🥄 风　　味：丽水

原　料	主料	笋衣300克
	辅料	土猪五花肉200克
	调料	葱结5克、姜片10克、绍酒10克、生抽10克、老抽5克、盐2克、白糖15克、味精2克、八角3克
制作过程		1. 将笋衣提前一晚用水浸泡 2. 将五花肉放入冷水锅中焯水，煮至可以轻松插进筷子时捞出，再切成3厘米宽、1厘米厚的块 3. 锅中入底油，倒入肉块煸炒，加入葱结、姜片、八角、肉汤、绍酒、生抽、老抽、盐、糖，大火煮沸后加入笋衣，再次沸开后转小火慢炖1小时 4. 加入味精调味，大火收汁即可
成品特点		笋衣脆嫩，口味咸鲜，略带甜
制作关键		1. 笋衣要发透 2. 五花肉煮到可以轻松插进筷子即可
营养分析		笋衣含有植物蛋白、脂肪、糖类和多种维生素，以及钙、磷、铁等人体必需的营养成分，还含有人体必需的多种氨基酸，是山珍中的"健康食品"。笋衣中纤维素含量也很丰富，常吃有促进肠道蠕动、吸附脂肪、帮助消化和排泄的作用

｛高山彩鲤浸牛肝菌｝

菜　　别：热菜

品尝地点：丽水市庆元县

获奖单位：庆元县虎啸度假山庄

菜点说明

　　"卧冰求鲤"的故事最早出自干宝的《搜神记》，讲述晋人王祥冬天为继母捕鱼的事情，被后世奉为"奉行孝道"的经典故事。这道菜的创作灵感正是来自于这个故事，为了锁住牛肝菌的鲜味，将牛肝菌放置在冰块上。

菜谱解析

🍞 烹调方法：烧

🥢 风　　味：丽水

原　料	主料	鲤鱼4条（约1000克）
	辅料	牛肝菌300克
	调料	盐5克、姜10克、味精3克、鸡精3克、白糖10克、高汤1000克
制作过程		1. 将高山彩鲤宰杀，洗净，下锅煎至两面金黄 2. 锅中倒入高汤，放入煎好的鱼，用姜、盐、味精、鸡精、白糖调味，滚至奶白色时，将其装入砂锅 3. 将牛肝菌洗净切片，做成刺身状，涮锅食用
成品特点		鲤鱼肉质鲜美、香甜可口；牛肝菌香味浓郁、口感细腻脆嫩，味道鲜美
制作关键		1. 高山彩鲤杀洗后不去鳞 2. 奶白色汤，要用大火烧制
营养分析		中医认为：彩鲤营养丰富，有利尿、消肿等功效。牛肝菌味道鲜美，营养丰富，经常食用可增强机体免疫力、改善机体微循环

九龙稻香鸡

菜　　别：热菜
品尝地点：丽水市莲都区
获奖单位：丽水市莲都区九龙人家

典故由来

　　相传很久以前，有一个乞丐与母亲相依为命。一日，母亲病重，久卧在床，奄奄一息。儿子为了尽孝，外出设法讨来一只母鸡和一只猪脚。他把鸡和猪脚放入一只破缸钵，向邻居讨来一杯米酒、一把盐、一匙酱油，用炭火煨热后香气四溢。他把鸡喂给母亲吃，不久母亲就身体硬朗起来，恢复了健康。

菜谱解析

🍲 烹调方法：煨

🥘 风　　味：丽水

原　料	主料	家养土鸡750克、土猪脚500克
	辅料	稻草50克
	调料	盐30克、糖10克、味精10克、绍酒50克、酱油50克
制作过程		1. 将土鸡宰杀后，迅速煺毛、去内脏 2. 将土猪脚砍成4厘米长的圈状 3. 取砂锅一只，底下铺上稻穗，摆上土鸡，周围放上猪脚圈，加入盐、糖、味精、酱油、绍酒，放小灶上煨制5小时，收浓汤即可
成品特点		色泽红亮，口味微甜，猪脚肥糯，土鸡鲜香
制作关键		选用的是土鸡、土猪蹄，要采用小火、长时间煨制
营养分析		土鸡营养丰富，可补气血，调阴阳，养阴清热，调经健脾，补肾固精。猪蹄含有丰富的胶原蛋白，能防治皮肤干瘪起皱、增强皮肤弹性和韧性。为此，人们把猪蹄称为"美容食品"

君临天下

菜　　别：热菜

品尝地点：龙泉市

获奖单位：龙泉市金观音庄园

菜点说明

君临天下泛指君王凌驾于万人之上。该菜选用龙泉特色的八种菌菇，中间为灵芝，八种菌菇摆在灵芝周围，寓意灵芝为菌类之王，统领菌类天下，同时"君"和"菌"谐音，让霸气的名字彰显龙泉菌类产品的丰富多彩。

菜谱解析

烹调方法：炸、炒　　　风　　味：丽水

原　料	主料	牛肝菌150克、花菇150克、黑木耳150克、猫爪菇150克、灰树菇150克、海鲜菇150克、金针菇150克、百灵菇150克
	辅料	鸡蛋1只
	调料	盐8克、姜10克、绍酒20克、酱油10克、白糖20克、干淀粉50克、色拉油1000克
制作过程		1. 将各种菌类挑、洗、改刀、整理，待用 2. 将金针菇上蛋清、拍粉、油炸后捞出，待用 3. 将其余各种菌菇焯水，然后用中火炒制，调味出锅即可
成品特点		口味鲜咸，营养丰富
制作关键		1. 金针菇油炸时，掌握好油温、油炸的时间 2. 在炒制各种菌菇时注意火候
营养分析		中医认为：食用菌大多性味甘平，具有补养之功，对人体有良好的保健作用

山珍玉粉鲜

菜　　别：热菜

品尝地点：丽水市缙云县

获奖单位：缙云县三松大院

菜点说明

缙云民间有："永康萝卜，缙云番薯"之说。缙云自古就是出产番薯的大县，农民们把吃余下的番薯加工成薯片、薯粉以备过年用。煎成玉粉鲜也是家家户户共同认可的做法，成为了缙云特色菜肴。

菜谱解析

烹调方法：煎、煮　　　　风　　味：丽水

原　　料	主料	番薯粉300克
	辅料	豆浆100克、红萝卜50克、香菇50克、精肉50克、香菜30克
	调料	蒜5克、姜5克、盐2克、绍酒10克、味精2克、猪油20克、高汤500克
制作过程		1. 将红萝卜、香菇、精肉分别切丝 2. 将番薯粉加水调汁，加豆浆打成糊，放油锅煎成薄饼，再切成条状 3. 将猪油下锅，倒入姜、蒜、红萝卜丝、香菇丝、精肉丝煸炒，加入高汤炖，然后加盐、绍酒、味精调味，倒入薯粉条烧沸后，加入香菜，出锅即可
成品特点		荤素搭配，营养均衡，老少皆宜
制作关键		煎薄饼时，要注意火候，切不可煎焦
营养分析		番薯粉具有健胃、整肠、退火气、降血压的功效，也含有很多的膳食纤维，有润肠、排毒的功效

〖畲药鹅汗〗

菜　　别：热菜
品尝地点：丽水市景宁县
获奖单位：景宁县听泉山庄

典故由来

传说秦汉时期，中原大儒浮丘伯携仙鹤来景宁，给原本蛮荒的景宁带来了文明之光。因沐鹤于溪，于是有了沐鹤溪之名。后来人们采沐鹤溪旁的畲药与鹅同蒸，形成美食，流传至今。

菜谱解析

🍚 烹调方法：蒸
🥄 风　　味：丽水

原　料	主料	鹅半只（约1250克）
	辅料	畲药100克
	调料	葱结15克、姜10克、盐10克、绍酒20克
制作过程		1. 将畲药清洗干净 2. 将鹅清洗干净，里外用盐抹匀，倒入绍酒，放入葱结、姜，腌制10分钟后与畲药一起上笼蒸熟，取出晾凉 3. 将蒸熟的鹅肉改刀后装盘，附上调味汁即可
成品特点		鹅肉香润、鲜嫩
制作关键		掌握好蒸制的时间与火候
营养分析		中医认为：鹅肉性平、味甘；具有益气补虚、和胃止渴、止咳化痰，解铅毒等功效

神龙五加肉

菜　　别：热菜

品尝地点：丽水市遂昌县

获奖单位：遂昌县鞍山书院文化休闲园

典故由来

相传明万历年间，杨守勤来到鞍山书院做教书郎，两年以后上京赶考高中状元，长濂村人闻讯不胜欣喜，其中有位农家阿婆宰杀自家年猪，做了这道神龙五加肉。杨守勤吃了赞不绝口，回京后还与这位阿婆联系不断，对神龙五加肉念念不忘。神龙五加肉因此得以流传至今。

菜谱解析

烹调方法：炖

风　　味：丽水

原　料	主料	猪脚400克
	辅料	五加皮100克
	调料	盐3克、姜5克、绍酒15克、酱油25克、白糖10克、葱丝5克、红椒丝8克
制作过程		1. 猪脚洗净，切成4厘米长的圈状块；五加皮洗净 2. 将猪脚放入冷水锅中焯水 3. 冷锅热油，放入姜煸香后放入猪脚炒至金黄色，加入绍酒、白糖、酱油、盐、五加皮、水，用小火慢炖30分钟至肉质酥软，出锅装盘，放上葱丝、红椒丝即可
成品特点		味浓适口，肥而不腻
制作关键		1. 好吃的肉菜，一定要细火慢炖 2. 不要一开始就加盐，那样肉会老硬。兑水要兑开水，冷水容易使肉腥
营养分析		猪蹄具有通乳脉，滑肌肤、去寒热、托痈疽、发疮毒、抗老防癌之功效，特别适宜于经常四肢乏力、两腿抽筋、消化道出血及缺血性脑病患者食之

生态霄梅拼粟糕

菜　　别：点心
品尝地点：丽水市庆元县
获奖单位：庆元县虎啸度假山庄

菜点说明

番薯粉是浙西南人饮食中所不可缺少的，霄梅和粟糕是过节及喜酒桌上不可缺少的食物。番薯粉还有一定的药用价值。

菜谱解析

烹调方法：蒸　　风　　味：丽水

原　料	主料	番薯粉300克、龙粟米粉150克、糯米粉150克
	辅料	绿茶汁50克、黑芝麻50克
	调料	白糖50克、熟猪油100克、红糖80克
制作过程		1. 将番薯粉炒熟，再加入白糖，搅拌均匀 2. 番薯粉中加入熟猪油，倒入茶叶汁，加入黑芝麻，揉成圆球形，放入蒸笼蒸15分钟 3. 龙粟米粉和糯米粉拌在一起，加入红糖，入蒸笼蒸熟，取出改刀成块即可
成品特点		口味香甜、口感软糯、造型形象逼真
制作关键		1. 调制时比例要恰当，一定要揉透 2. 蒸制时，要把握好火候及蒸制的时间
营养分析		番薯粉、龙粟粉丝和糯米粉富含碳水化合物，能为人体提供能量；绿茶具有提神清心、清热解暑、消食化痰、去腻减肥、生津止渴、降火明目等功效

﴾炭烤蒜香骨﴿

菜　　别：热菜

品尝地点：丽水市遂昌县

获奖单位：遂昌县炭缘农家乐
　　　　　综合体

菜点说明

　　黄牛肉，高蛋白、低脂肪是中国传统经典食材。遂昌炭缘农家乐利用自家公司专利烧制出的食用级竹炭，加上高山黄牛肉，研制出了健康的"炭烤蒜香骨"，颇受大众欢迎。

菜谱解析

烹调方法：烤　　　风　　味：丽水

原　料	主料	黄牛排骨1000克
	辅料	大蒜200克、啤酒500克
	调料	葱25克、姜10克、盐10克
制作过程		1. 黄牛排骨切成约10厘米长的段 2. 黄牛排骨用大蒜、姜、葱、啤酒腌渍5小时 3. 将腌制好的黄牛排骨置炭火上烘烤，至焦红色（微焦）即可
成品特点		成菜风味原始，外酥里嫩，蒜香浓郁
制作关键		1. 腌制的时间一定要恰当 2. 在炭火上烤时，不可烤焦
营养分析		黄牛肉富含蛋白质。中医认为：黄牛肉具有温补脾胃、益气养血、强壮筋骨、消肿利水的功效

鲜菌佛堂豆腐

菜　　别：热菜

品尝地点：丽水市莲都区

获奖单位：莲都区九龙人家

菜点说明

　　豆腐是佛家不可缺少的美食。古代丽水南明山寺院的和尚上山采来天然鲜菌加豆腐同煮，请众香客品尝，大家均赞不绝口，之后鲜菌佛堂豆腐便流传于民间。

菜谱解析

烹调方法：炖

风　　味：丽水

原　料	主料	盐卤豆腐1000克
	辅料	虾皮20克、鲜菌200克
	调料	葱花10克、酱油20克、盐50克、味精5克、白糖3克
制作过程		1. 豆腐切成正四方形，再用吸管戳孔；鲜菌洗净后切成粒 2. 鲜菌用沸水锅焯水 3. 将豆腐放入调好的汤卤中，用大火烧开，放入鲜菌，改小火慢炖8小时后取出装盘，撒上虾皮、葱花即可
成品特点		口味咸鲜，造型美观
制作关键		1. 鲜菌要焯水，以去除有害微生物 2. 在长时间炖制过程中，要防止锅底烧焦
营养分析		豆腐为补益清热养生食品，常食可补中益气、清热润燥、生津止渴、清洁肠胃。野生菌中含有高分子多糖，可显著提高机体免疫能力

〖英川粉皮〗

菜　　别：热菜

品尝地点：丽水市景宁县

获奖单位：景宁县英川粉皮示范店

典故由来

景宁英川是世界香菇栽培的发源地之一。当地流传着"秋收后青壮年背井离乡外出做香菇，家人做麻糍、炊米糕为其送行"的风俗。一年秋天，一位叫"树脑"的男子要外出做香菇生意，妻子刚炊好第一层米糕，4岁的独子"皮皮"叫嚷着肚子饿，于是妈妈将仅有的一层糕刮下来放在豆腐娘里混着吃，"皮皮"吃得津津有味，问这么好吃的东西是什么？"树脑"随口说："米粉炊的皮，粉皮！"于是，"粉皮"就这样叫开了。

后来，当地越来越多的人家炊起了粉皮。吃法上，则发展到有春卷粉皮、和汤粉皮、炒粉皮、水煮粉皮等各种方式。如今，英川粉皮已成为景宁甚至丽水一带家喻户晓的美食。

汤粉皮，配备有各种不同口味的汤汁，比如海鲜汤、酸菜汤、肉丝汤、豆腐娘等，食客可以根据自己的喜好选择。春卷粉皮，把季节菜、动物肉、海鲜、菌类、笋类等剁成丁烧好，铺在刚蒸出的粉皮上，卷成圆卷吃。

菜谱解析

烹调方法：蒸

风　　味：丽水

原　料	主料	粳米500克
	辅料	鸡蛋1只（约50克）、番薯粉150克、紫苏20克、虾皮3克、田鲤鱼汤300克、水2200克、枸杞2克
	调料	绍酒5克、味精2克、盐3克、酱油5克、麻油2克、香菜末3克、姜末5克、蒜末3克
制作过程		1. 粳米中加入水1000克浸泡4小时，过滤 2. 将1000克水与过滤后的粳米混合，放入石磨中磨成米浆 3. 将200克水加入番薯粉中调制均匀，与磨好的米浆混合 4. 锅中加水，烧沸，上置米筛，筛中央盖上一层白色棉布。在棉布表面倒入调制好的米浆，盖上锅盖，大火蒸制2分30秒，取出后反扣于竹筛上，取下粉皮制成卷，放入碗中 5. 将锅洗净烧热，加入油、姜末、蒜末和虾皮煸炒，倒入田鲤鱼汤，放入紫苏烧沸，加入绍酒、味精、盐、酱油和麻油调味。出锅淋在粉皮上 6. 将鸡蛋入锅煎制成两面金黄色，放入碗中，撒上香菜末，放上枸杞即可
成品特点		呈半透明的卷状，具有柔润嫩滑的特点
制作关键		1. 磨制米浆时，不宜过快，石磨需要保持匀速运行 2. 运用棉布辅助加热成形，取下粉皮时方便 3. 掌握好蒸制的时间与火候，以粉皮断生为佳
营养分析		粉皮主要营养成分为碳水化合物，还含有少量蛋白质、维生素及矿物质

第二节
水之灵

青田田鱼干

菜　　别：冷菜

品尝地点：丽水市青田县

获奖单位：青田县神仙居土菜馆

菜点说明

　　青田县的稻田养鱼自唐睿宗景云二年置县以来，就有养殖，至今已有1300多年。清光绪《青田县志》中有"田鱼，有红、黑、驳数色，土人于稻田及圩池养之"的记载。这是有关青田田鱼养殖的最早文字记录。田鱼是青田的一张金名片，青田人对田鱼研究得十分透彻，田鱼的吃法也是花样百出，其中田鱼干就是最具特色的一种。

　　为了制作出地道的田鱼干，有些村民甚至还半夜起来查看火候，以保证田鱼不被烤焦。制成的田鱼干形、色、味俱全，熏干色如琥珀，味有奇香。现在田鱼干已经成为华侨寄托思乡之情的最佳信物，每每回国探亲后都要带一些田鱼干到国外。

菜谱解析

🍞 烹调方法：熏

🥘 风　　味：丽水

原　　料	主料	田鱼2条（约700克）
	辅料	稻草500克、谷糠2000克
	调料	姜20克、红曲酒50克
制作过程		1. 把刚从稻田里抓回的田鱼放在流动的清水里静养一段时间，让田鱼清除体内的污泥，去泥腥味 2. 将田鱼宰杀，去内脏，用姜、红曲酒进行腌制 3. 在锅灶底部铺上一层谷糠，再铺上一层厚厚的稻草，把腌制好的田鱼整齐地摆在稻草上，盖上锅盖进行慢火熏烤 4. 把熏过的田鱼干拿出放在铁丝网上，再一起放到锅灶中，盖上锅盖进行烘制 5. 把烘烤好的田鱼干放在米筛上进行一段时间的晾晒 6. 将田鱼干进行刀工处理装盘即可
成品特点		田鱼干色、形、味俱全，香脆可口，色如琥珀，味有奇香
制作关键		1. 田鱼宰杀后不需要去鳞，鳞片柔软可食，鱼鳞中富含卵磷脂 2. 要控制好烟熏的时间
营养分析		田鱼的营养价值高，富含蛋白质、脂肪和微量元素。当地人们认为：田鱼具有健脑、益智、清凉、解毒、美容的功效

索 引（按主料分）

247

后记

    如果您是从扉页读到这里，可以说已经是资深吃货了。如果能依着本书，做上那么几道地道的家乡菜招待亲朋好友，本书的目的也就达到了。说起资深吃货，非古钱塘人（今杭州）袁枚莫属。他的《随园食单》里，记载了清代流行的300多种南北菜肴、饭点以及美酒名茶，其中民间菜就有126种，可见在他眼里，民间菜是"中国味道"的重要组成部分。

    本书以"乡味浙江"为名，顾名思义，介绍的就是"浙江味道"、浙江民间菜。近年来，浙江省农家乐休闲旅游业方兴未艾，农家特色菜已经成为浙江民间菜的代表之一。2017年11月，浙江省农业和农村工作领导办公室主办，浙江广电集团、浙江商业职业技术学院承办了"乡味浙江——浙江省第六届农家乐特色菜大赛"，全省11个地市的33支代表队，100多位农家菜大厨齐聚杭城，根据沿海、平原、山区等不同地域特色，共同打造了一场乡村美食的饕餮盛宴。潘晓林、叶杭胜、方晓敏、方阿牛、汤卫荣等浙菜大师亲临点评，李林生大师担任指导顾问，外婆家创始人吴国平、浙江电视台知名主持人范大姐担当名星顾问，可谓星光熠熠，盛况空前。

    得益于这次大赛以及浙江省农业和农村工作领导办公室自2006年以来历届大赛获奖菜肴的丰富积累，本书入选的102道农家特色菜经李林生大师为首的专家评议组精选得以脱颖而出。浙江电视台钱江都市频道联合浙江省商业职业技术学院、浙江科学技术出版社受浙江省农办委托在历届比赛成果的基础上，进行了资料补充采集，精心编辑了本书，以飨读者。体现了互联网新媒体的特色创意，在书中还特别附上了部分菜品制作教程的二维码，供广大读者"扫码学菜"，在闲暇之余，做上一道家乡菜，品味乡愁。

    在本书的编辑过程中，浙江电视台钱江都市频道，充分利用在美食领域的深厚积累，利用《味道》《妈妈的味道》《主播私房菜》《范大姐带你吃购游》等栏目、节目积累的大量渠道资源，利用"中华美食群英榜"等活动积累的影响力，为本书编写献策献力。正是因为深耕美食领域，钱江频道还获得了改革开放四十周年餐饮行业"餐饮文化传播奖"，为弘扬"正宗浙菜"文化，传播正宗"浙江乡味"做出了卓著贡献。浙江商业职业技术学院旅

游烹饪学院，不仅多次出色地承办浙江省农家乐特色菜大赛，而且其旅烹技术团队还将农家乐餐饮业的发展作为研究方向之一，进行全区域的调研，挖掘浙江农家有特色的烹饪原材料进行研发创新，并将研发成果推向市场，先后在舟山嵊泗、千岛湖、衢州和丽水等地区开展了多次培训并给予当地农户技术指导。由旅游烹饪学院副院长、中国烹饪大师李鑫，高级技师王炳华领衔的团队，克服时间短、任务重、作品多、要求高等困难，坚持尊重民俗和参赛者的创造思路，利用学校拥有的烹饪国家教学资源库优势，高效率、高质量地完成了浙江乡味的文化挖掘和百味谱的标准食谱编撰。

本书集纳"百味"于其中，编者寄希望能以本书为您生活"添味"，为浙江农家乐特色菜推广尽一份力。浙江农家特色菜源远流长，不断创新，宥于时间及编者视角等因素，难免挂一漏万，不足之处，敬请广大读者指正。

编　者

2018 年 10 月 8 日